U0162774

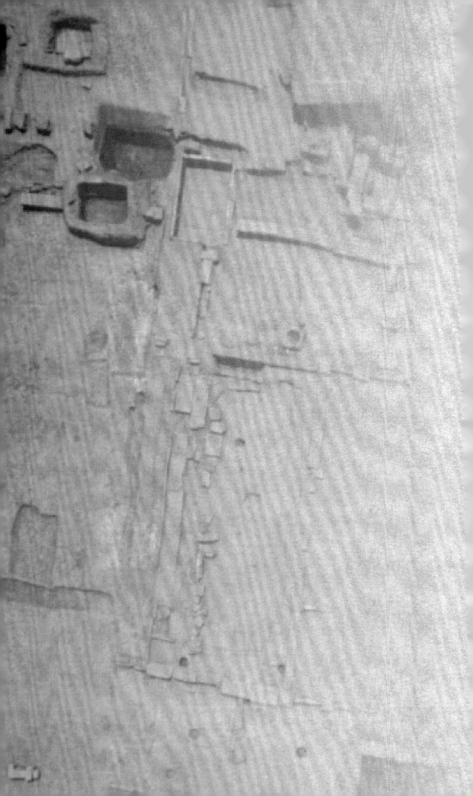

宜宾酒史

宜宾市博物院 编

罗培红 主编

宜宾文化遗产研究系列丛书

文物出版社

图书在版编目（ＣＩＰ）数据

宜宾酒史 ／ 宜宾市博物院编 ；罗培红主编. —— 北京 ：文物出版社，2020.5

（宜宾文化遗产研究系列丛书）

ISBN 978-7-5010-6664-3

Ⅰ．①宜… Ⅱ．①宜… ②罗… Ⅲ．①酒文化－文化史－研究－宜宾 Ⅳ．①TS971.22

中国版本图书馆CIP数据核字(2020)第044893号

宜宾文化遗产研究系列丛书

宜宾酒史

编　　者：宜宾市博物院

主　　编：罗培红

封面设计：刘　远

责任编辑：李缙云　刘良函

责任印制：张　丽

出版发行：文物出版社

社　　址：北京市东直门内北小街2号楼

网　　址：http：//www.wenwu.com

邮　　箱：web@wenwu.com

经　　销：新华书店

制版印刷：天津图文方嘉印刷有限公司

开　　本：889mm×1194mm　1/32

印　　张：6.5

版　　次：2020年5月第1版

印　　次：2020年5月第1次印刷

书　　号：ISBN 978-7-5010-6664-3

定　　价：198.00元

编 委 会

序

　　20世纪80年代末在学术界兴起的文化热一直延续到今天，热度也不见减退。林林总总的文化研究中，酒文化研究一直是一个热点和亮点。我想这其中既有酒文化博大精深，确为中国文化重要组成部分的一面，也有国人喜酒爱酒，文人嗜酒者众，更有酿酒企业推波助澜等诸多因素所促成的一面。如果仅仅是把近40年来公开刊布的酒文化论著目录罗列出来，也一定是蔚为大观。以上成果的研究大军中，文史类专家绝对是主力军。可能是史料太丰富，一般说来许多论著中都不乏宏大叙事，历史上从杜康造酒、纵酒亡国到巴拿马金奖，文学上则从《诗经》、汉赋到唐诗宋词，以至明清小说，能收全收，能引尽引，论著确实很多，但雷同者也真不少，看多了也觉得有些乏味。在这轮酒文化热的早期，文物考古专家在酒文化研究中发声不多。

　　我以为，文物考古积极主动地参与酒文化研究的代表性事件，是1998年夏天对成都水井街明清酒坊遗址的考古发掘。从那时起，20年来，四川相继发掘了泸州老窖池作坊区、宜宾五粮液长发升作坊、绵竹剑南春天益老号作坊、射洪泰安作坊和宜宾糟坊头等共计六大作坊，省外也有江西李渡酒坊、河北刘伶醉酒坊以及安徽口子窖作坊的考古发掘。一系列的考古发掘为酒文化研究注入了全新的实物资料，也促使了研究者重新审视既往研究的方法和成果。这些考古成果不能仅停留在简报和论文里，也需要尽快让社会普遍知晓。我认为达成这一目的主要做法是尽快实现文物展示，文物展示的实现最好是由考古发掘单位来承担。但是，我国考古机构的主要职能是田野考古发掘和发掘资料的整理与研究。考古机构纵有做展览之心，也没有展览的场所。所以，虽有新资料发现，公众在博物馆里却难看到反映新成果的专业性展览。进入新世纪后，一些实力雄厚的酒企陆续建起了酒文化博物馆，我有幸参观过其中的几个。这些酒文化博物馆给人的总体印象是建筑气派、内装奢华；但不足之处也显而易见，即爱做宏大叙事。论宏观，就时间上而言，展陈内容涉及上下文明几千年；从地域上来说，几乎囊括南北东西全中国。说细处，讲到本厂历史，明明几十年前不过就是个小作坊，却旁若无人，夸夸其谈，似乎几十年以至几百年来，偌大个区域仅此一家，别无分店；然而说到具体处，却又语焉不详。其实，稍有常识的人都知道，若没有经过残酷的同行竞争，没有经过天灾人祸等十磨九难，又怎么可能成长为称霸一方的老企、名企呢？坦率地说，由于研究的不足和企业自身局限，一些酒企博物馆展陈或多或少存在自炫和文物缺少的通病。

宜宾以美酒闻名天下。历史上，这里的美酒数不胜数，唐诗宋词里常有提及。近代以来，先有提装大曲、五粮液和李庄白酒；改革开放后，五粮液声誉日著，叙府大曲、华夏酒、金潭玉液、故宫液和红楼梦酒等异军突起，五粮液当然是其中的杰出代表。20世纪90年代初，泸州老窖池获评全国重点文物保护单位，这块金字招牌立即给酒厂带来了积极的出乎意料的市场营销效应，由此，四川许多酒企也纷纷关注自身酒窖品牌的历史。宜宾这片土地酿酒历史悠久，酒坊星罗棋布，酒文化根基深厚，酒礼酒俗自成体系。改革开放以来，白酒一直是宜宾经济的支助产业，甚至于新建成的宜宾机场都深深地打上了酒的烙印，中国第一个白酒学院也刚刚诞生在宜宾。保留宜宾酒文化的历史见证物，研究地方酒文物，自然也应是宜宾市博物院的业务重点之一。据我所知，成立近40年的宜宾市博物院一直把酒文物的征集收藏，酒文化的研究作为自己的本职工作。近些年来，他们又联合四川省文物考古研究院，发掘了城区内五粮液长发升老酒坊和宜宾县（今宜宾市叙州区）糟坊头酒坊遗址，普查了市域内的酒坊遗址，并专题收集宜宾酒文化文物。以上工作都取得了不俗的成绩。2014年，国家文物局公布的中国世界文化遗产预备名单中的"中国白酒老作坊"（7个）中，宜宾是唯一拥有两个的城市。几年前，乘宜宾市博物院新院建设启动之机，酒文物研究大有提速之势。他们加大投入，充实力量，配置人才队伍，特别是在新馆里规划设置"酒都酒风"为名的宜宾酒文化基本陈列展览。《宜宾酒史》一书，就是宜宾市博物院在这样的背景之下适时推出的最新科研成果。

我们常说，博物馆有收藏、研究和展览三大功能。受惠于公立博物馆的免费开放政策，这几年许多博物馆的展览搞得很热闹。但在一些博物馆中，以自身馆藏为主的展览虽几年一变，但变的主要是场景，如展墙、展柜、灯光以及展品摆放位置等，至于展陈文字大纲并无大的改动，展品亦无明显增加。何以至此？恐怕与研究没跟上，藏品征集有限有很大关系。据我所知，一些博物馆改扩建后，增加的主要是后勤管理人员和讲解接待人员，建馆经费投入很大，但文物征集费的投入几乎可以忽略不计，长此以往，必然会导致博物馆三大功能中的两大功能被弱化。这种情况下，展览内容新意匮乏实属必然，内容上无法创新，也就只有绞尽脑汁在形式上下足功夫。这样的展览，充其量只能让其看上去有个光鲜的外表而已。因此，宜宾市博物院在新馆建设中，在新展览的设计中，以研究为本，收藏先行，这是博物馆新馆建设中理应坚持的办馆原则。在当前大背景下，宜宾市博物院能做到这一点，十分难能可贵。这种思路和做法应该大力宣传和提倡。

在我看来，本书有如下几个特点：

一、如上所述，宜宾市博物院来做酒文化的研究，不但可补这一地区纯文献研究和纯考古研究的不足，还可以将两者有机结合，从本书的篇章设计就可以看出这样的优势和特点。本书虽名"宜宾酒史"，但在叙述中也涉及了全省乃至全国的酒史。作为中国酒史，特别是晚期中国酒史重要组成的地理单元，将宜宾酒史放入到全国酒史中考察，我们方能更充分了解和正确评估宜宾酒史在全国酒史中的地位和作用。

二、宜宾酒史当然是全书叙事的主体和核心。宜宾有悠久的历史，名酒根植于本地深厚的酒文化传统中。此书通过对历史、考古、文物、文学、文化和民俗的研究，较好地阐释了一方水土酿一方酒，山水美、技艺精的宜宾人能酿出世界名酒的缘由。全书梳理出了宜宾酒文化发展演进的清晰脉络，讲活了宜宾酒史上的动人故事。

三、本书的一大特色是对文物考古资料的大量引用。大量利用本馆所藏和本区域出土文物来佐证、书写本地酒史，图文并茂、文献、实物互证，无论叙述还是论证都不觉空泛，尤其是对四川几大白酒作坊遗址，特别是宜宾糟坊头的发掘资料的充分利用，将会令读者欣喜不已。

宜宾市博物院一向重视科研。据我所知，早在 20 世纪 80 年代初，他们就办起了馆刊《川南文博》。进入新世纪以后，又通过和科研院所联合，引进青年才俊，恢复馆刊；同时采取自拟或承揽科研课题，举办展览等多种有力措施，令院里的整体业务水平上了几个大台阶。经过这些年的辛勤耕耘，从院里馆藏文物的快速增加，新展览、新论著的不断推出来看，成效喜人。如院里举办的"宜宾城市史""考古宜宾五千年"等展览，观展人数屡创新高，业内好评如潮，在本地乃至全国都产生了较大的影响；已出版的《宜宾戏剧史》、主办的《西南半壁》文博杂志，其专业程度和研究质量之高，都让同行刮目相看。我相信，本书的出版将会进一步提升宜宾市博物院在同行和社会上的美誉度。

最后特别要提到的是，有此书作为基础，我大胆预测，新馆的"酒都酒风"展将会成为业界和社会普遍期待的专题常设展览。

四川省文物考古研究院原院长、研究馆员　高大伦

2020.5

目　录

第三章　唐代宜宾酒文化

第四章　宋代宜宾酒文化

第五章　明代宜宾酿酒业

第六章　清代宜宾酿酒业

第七章　民国时期宜宾酿酒业

后记

第一章

宜宾酿酒的发生与初步发展

第一节
中国古代酒史概述

一 酒的出现

酒，是我国古代社会生活中最重要的饮品之一，也是人类最重要的发明之一。酒可以活跃气氛、振奋精神、遣兴消愁、保健身心等，虽不是人们生活的必需品，但从产生的那天起，它便开始浸润整个社会，与人们的生活结下了不解之缘。古人的饮酒生活，是由酿酒开始的。但酒是何时何地由谁发现、发明的呢？

对此，我国的传世文献记载不一，众说纷纭。关于酿酒活动出现的时间，有始于黄帝时期、夏禹时期等说法；发明酿酒的人则主要有仪狄和少康（杜康）两种说法。但这些说法都是不可考的。除了以上观点外，亦有学者认为，酒不是某位人物的发明，而是农业生产的附带产物。因为最早的酒都是用谷物酿造的，粟、稷等谷物的种植，为酒的酿造提供了前提条件。西汉刘安在《淮南子·说林训》中首先提出了"清醠之美，始于耒耜"[1] 的说法，意思是说农耕开始以后，有了谷物原料，酒才随之出现。而这种观点得到了部分学者的认可与阐发。

晋人江统在《酒诰》中说："酒之所兴，乃自上皇，或云仪狄，

---

1. 刘文典撰，冯逸、乔华点校：《淮南鸿烈集解》，中华书局，2017 年，第 701 页。

一曰杜康。有饭不尽，委余空桑。郁结成味，久蓄气芳。本出于此，不由奇方。"[2] 他认为，酒最早出现在上古时期。有人说是仪狄，也有人说是杜康所造。其实是因为人们将吃不完的饭丢弃在桑林中，郁结在一起，产生一种气味，时间长了，就透出一股香气来，酒就是这样产生的，并非出于什么人的奇思妙想。唐人徐坚等著《初学记》卷二六引《酒经》中即明确指出："空桑秽饭，酝以稷麦，以成醇醪，酒之始也。"[3] 积存的剩饭会自然秽变发酵，由微生物作用而形成曲蘖，引起糖化和酒化，从而产生酒。古人将秽饭拌熟饭，就可以酿出酒来。在此基础上，人工制作曲蘖，用于酿酒，便可以酿造出更为完美的谷物酒。这种将目光聚焦于秽饭天然发酵，进而寻觅到人工酿酒的原始成因，自然是一种科学的见解[4]。在古代社会普遍认为酒乃名人发明的情况下，这种见解无疑闪烁着科学的光芒。

二 古代酒的发展

酒的种类大致可分为自然酒、果酒和乳酒、粮食发酵酒、蒸馏酒四种，大致经历了从自然酒到人工酿酒，从简单的自然发酵酒到蒸馏酒，从原始低劣的酒到现代酒的漫长的发展过程。

自然酒，指自然界中自然而生、自然存在的最原始的酒。酒中的主要成分是酒精，化学名称为乙醇。只要具备一定条件，某些物质就可以转化为酒精。最初的酒是由含糖物质在酵母菌的作用下自

2.（隋）虞世南撰，（清）孔广陶校注：《北堂书钞》卷一四八《酒食部七·酒》，光绪十四年（1888 年）南海孔广陶三十有三万卷堂刻本，第 2b、15b 页。

3.（唐）徐坚等：《初学记》卷二六，中华书局，2004 年，第 633 页；宋人朱肱《酒经》亦以"古语有之"引此句。见（宋）朱肱著，宋一明、李艳译注：《酒经译注》，上海古籍出版社，2010 年，第 9 页。秽饭，原作"秽饮"。

4.王赛时著：《中国酒史》，山东大学出版社，2010 年，第 5 页。

然形成的有机物。在自然界中存在着大量的含糖野果，在空气里、尘埃中和果皮上都附着有酵母菌。在适当的水分和温度等的作用下，酵母菌就有可能使果汁变成酒浆，自然形成了酒。《黄帝内经》中的"醴酪"即是我国乳酒的最早记载[5]。不难推想，在遥远的古代，自然酒就已经存在了，甚至早在人类社会之前即已出现。

人类发现并品尝了散发着醇香气味的自然酒后，便觉得它的滋味比原来的食物更美。这种无意的发现，经过无数次的反复，人们才发现含糖类的东西经过发酵会变成酒的规律，于是就开始有意识地进行人工造酒。第一代人工酿酒是果酒和乳酒。人类最早的酿酒活动，可以说只是机械地简单重复大自然的自酿过程。

真正称得上有目的的人工酿酒活动，是在人类进入新石器时代、出现了农耕之后开始的。这时，人类有了比较充裕的粮食，尔后又有了制作精细的陶制器皿，这才使得酿酒生产成为可能。相对稳定的生活环境和充裕的生活资料，奠定了人工造酒的基础。

裴李岗文化时期（前7600～前5900年）和河姆渡文化时期（前5000～前3300年）的农作物和陶器遗存的发现，表明该时期已具备了酿酒的物质条件。在磁山文化时期（前5400～前5100年），农业经济发达，也发现了类似后世酒器的陶器。因此，有人认为在该时期，谷物酿酒的可能性是很大的。仰韶文化时期（前5000～前3000年），在半坡遗址发掘出土的陶器中，发现了类似甲骨文和金文"酉"的陶罐。而在距今4900～4100年的龙山文化时期的墓葬中也出土了许多酒器。因此，国内学者普遍认为，龙山文化时期的酿酒业已较为发达[6]。

---

5. 张文学等编著：《中国酒概述》，化学工业出版社，2011年，第5页。
6. 张文学等编著：《中国酒概述》，第3、4页。

人类酿制的第二代酒是人工发酵酒。人工发酵酒是在酿酒原料中添加了糖化发酵剂，即曲蘗发酵而成的。它又分为天然曲蘗酿酒和人工曲蘗酿酒两个阶段。这种酒的起源就是我们一般意义上所指的酒的起源，即谷物（粮食）酿酒的起源。

古代酿酒有两种发酵方式，一是单边发酵法，二是复式发酵法。单边发酵法是利用天然曲蘗进行发酵的酿酒方法。谷粒保存不当而受潮发霉、发芽，将其浸入水中，就会发酵成酒。而这种发霉、发芽的粮食就是天然曲蘗[7]。这是利用谷物发芽时产生的酶将原料本身糖化成糖分，再用酵母菌将糖分转变成酒精的过程。人们对这一现象进行了长期的观察、试验，从而了解和掌握了制造曲蘗的方法，开始人为地生产曲蘗，原始的谷物酿酒技术诞生了。从发酵原理来看，用蘗做发酵剂属于单边发酵。因为在发酵过程中，它仅起了糖化作用，因而所酿出的酒（醴）糖化高，酒化低，酒味很淡。

而复式发酵法则是糖化和酒化同时进行的酒曲酿酒法，是用发霉的谷物制成酒曲，用酒曲中所含的酶制剂将谷物原料糖化并发酵成酒。这种酒曲即古籍上所记载的"曲蘗"，它是可使谷物糖化和酒化的霉菌类培养物，不但含有能够糖化谷物淀粉物质的根酶、曲霉和毛酶，而且还含有酒化作用的酵母，可将谷物酿酒中的糖化和酒化两个过程一并完成，这就是"复式发酵法"，亦称"双边发酵"。这是我国古代劳动人民发现和利用微生物的一大成就，也是对世界酿酒技术的一大贡献[8]。

早在殷商时期的文献中已有曲蘗的记载，如《尚书·说命下》中的"若作酒醴，尔惟曲蘗"。后来的《礼记·月令》也强调"秫稻

---

7. 方心芳：《对"我国古代的酿酒发酵"一文的商榷》，《化学通报》1979年第3期。
8. 王赛时著：《中国酒史》，第12页。

必齐，曲蘖必时"。这都说明古人对曲蘖的使用方法已经十分清晰明了。

用曲酿酒和用蘖酿酒，产生的酒精浓度不同。在先秦时期，前者酿出的酒被称为"酒"，后者被称为"醴"[9]。醴盛行于夏、商、周三代，秦以后就基本上被用曲酿酒取代了。

商朝酿造的酒已出现了不同品种，见于甲骨文的已有鬯、醪、醴、新醴和旧醴等不同品种。殷墟发掘发现了用大缸酿酒的酿酒场所以及大量的煮酒、盛酒和饮酒的酒器。《史记·殷本纪》中也有关于商朝末代暴君商纣"以酒为池，悬肉为林，使男女倮（裸），相逐其间。为长夜之饮"[10]的记载。由此可见，商朝饮酒之风已相当盛行，酒的酿造技术和产量也达到了相当高的水平。

公元前11世纪周王朝建立以后，农业生产的发展为酿酒提供了更充足的原料。无论是酿酒的技术，还是酒的产量都有了很大提高，并且逐渐走向正规化。酿酒不仅成为独立的手工业部门，有了专门"掌酒之政令"的"酒正"[11]等官职，而且还有了固定的生产规程，即"秫稻必齐，曲蘖必时，湛炽必洁，水泉必香，陶器必良，火齐必得"[12]。人们对酿酒过程中出现的各种现象和变化规律也有了深入观察和了解。

秦汉时期，酿酒技术有了进一步的发展和提高。其标志有三：一是过去曲蘖并用的酿酒法，改为只用曲不用蘖；二是使用多种原

---

9. 王赛时著：《中国酒史》，第12、13页。

10. 《史记》卷三《殷本纪》，中华书局，1959年，第105页。

11. （汉）郑玄注，（唐）贾公彦疏，彭林整理：《周礼注疏》卷一《天官冢宰》，上海古籍出版社，2010年，第16页。

12. （汉）郑玄注，（唐）孔颖达疏，龚康云整理，王文锦审定：《礼记正义》卷一七《月令》，北京大学出版社，2000年，第648页。

料制曲，并对其进行分级；三是曲的品种迅速增加，仅西汉扬雄所著的《方言》中就记载了十多种曲名[13]。同时，制曲技术也由散状曲发展到了饼状曲，质量大大提高。《汉书·食货志》载："一酿用粗米二斛，曲一斛，得成酒六斛六斗。"[14] 这是我国酿酒史上关于用曲比例的最早记录，是我国现存最早的用稻米酿酒的配方。

到了魏晋南北朝时期，制曲技术进一步发展，且出现了药曲。贾思勰在《齐民要术》中详细记述了十多种制曲酿酒工艺，大致可分为神曲法和笨曲法两大类。曹操的"九酝春酒法"等酿酒方法已十分先进[15]。

唐代，酒的品类显著增加，名酒大量出现。而北宋的又一大进步是红曲的发展与应用。

"蒸馏酒"，俗称"白酒"或"烧酒"。与酿造酒相比，蒸馏酒在制造上多了一道蒸馏工艺。它是我们的祖先在长期的生产实践过程中，认识到了酒精与水的沸点不同后，在发酵酒的基础上，通过蒸馏的方法，提高酒精浓度，提取原料在发酵过程中产生的香气成分而生产的一种酒度高、香味浓、质量比较好的酒。蒸馏酒的出现，标志着我国酿酒技术的一大飞跃，是酿酒史上一次划时代的进步。

蒸馏酒起源于何时，一直存在争议。但通过对江西进贤县李渡烧酒作坊遗址的考古发掘可证实，该作坊的酿酒时代源于元代，历经明清，且连续使用。这为我国烧酒酿造起于元代提供了实物证

13.（清）钱绎撰集，李发舜、黄建中点校：《方言笺疏》卷一三，中华书局，2013年，第493页。
14.《汉书》卷二四下《食货志下》，中华书局，1962年，第1182页。
15.（后魏）贾思勰著，缪启愉校释：《齐民要术校释》，中国农业出版社，1998年，第478～529页。

据[16]。同时，宋元以来有关蒸馏酒（烧酒）的记载已较为普遍，明李时珍在《本草纲目》中就有"烧酒非古法也，自元时始创"[17]的记载。因此，有学者认为，"中国蒸馏酒酿造始于元代，已有初步定论"[18]。至迟在元代烧酒已经出现并流行开来，当是无疑的。

明清时期，是中国酒最为辉煌的阶段。酿酒工艺高度成熟，酒类品种在此时已全部定型，发酵酒升格到黄酒的最高境界，蒸馏酒推出了最优良的谷物烧酒，果酒的占有量虽有限，但也有一定程度的发展。而配色各异的配制酒（露酒）和串香酒更是异常活跃[19]。

同时，酿酒业的规模日渐扩大，酿酒作坊遍布全国，产生了诸多品质优良的白酒品牌，并形成了明显的地域风格，开始有"南酒"和"北酒"之分。很多现今闻名全国的白酒即发源于明清时期。

16. 王赛时著：《中国酒史》，第 236 ~ 245 页。

17. （明）李时珍著，钱超尘等校：《金陵本〈本草纲目〉新校正》卷二五《谷部四》，上海科学技术出版社，2008 年，第 994 页。标点有改动。

18. 韩胜宝编著：《华夏酒文化寻根》，上海科学技术文献出版社，2003 年，第 25 页。

19. 王赛时著：《中国酒史》，第 246 页。

第二节

"酒都"宜宾的自然环境与历史沿革

一 宜宾的自然环境

素有"中国酒都"美誉的宜宾市位于长江上游，四川盆地南缘的川、滇、黔三省结合部，是金沙江、岷江、长江汇流地带。地跨北纬27°50'～29°16'、东经103°36'～105°20'。市境东邻泸州市，南接云南昭通地区，西界凉山彝族自治州和乐山市，北靠自贡市。市境东西最大横距153.2千米，南北最大纵距150.4千米，全市辖区13283平方千米，占四川全省面积的2.33%（图1-1）。

宜宾市地处四川盆地向云贵高原过渡地带的大斜面上，地形整体呈西南高、东北低态势。西部为大小凉山余绪，中有市境最高点，海拔2008.7米的屏山县五指山主峰老君山；南部为四川盆地贫瘠带，即云贵高原北坡，中有海拔1795.1米的兴文县仙峰山和海拔1777.2米的筠连大雪山等；东北部为华蓥山余脉所在，宜宾城附近之七星山、龙头山和观斗山均分布于此区域；东南侧属四川盆地东岭谷区，市境最低点，海拔236.3米的江安县金山寺附近的长江河床在此区内；西北侧属盆中方山丘陵区，其大部皆为原宜宾县（今叙州区）属地。全市地貌以中低山地和丘陵为主体，主要类型为山地、丘陵和平坝，岭谷相间，平坝狭小零碎，自然地貌基本为"七山一水二分田"。市境内海拔500～2000米的中低山地占46.6%，丘陵

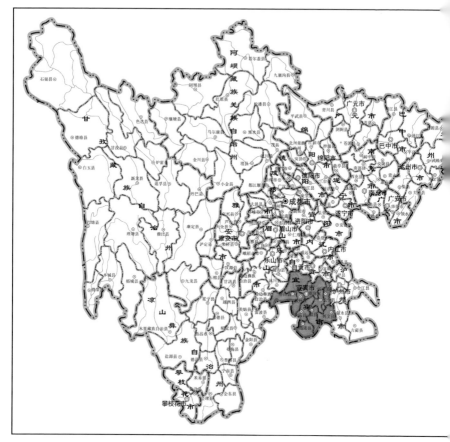

图 1-1 宜宾市在四川省的地理位置

占 45.3%，平坝仅占 8.1%。

　　宜宾地处东亚中纬度的四川盆地南部，属中亚热带季风气候，浅丘及河谷地带兼有南亚热带气候属性，南部山区立体气候明显。宜宾市整体气候温和、热量丰足、雨量充沛、无霜期长、四季分明，具有春早、夏长、秋迟、冬短等特点，具体表现为：春季回暖早，常受暖湿气流影响；夏季温湿高，雨量集中，多暴雨；秋季迟，气温下降快，绵雨期多；冬季温和，霜雪少；秋冬季云雾多。境内水热丰足，年平均气温 17.5℃左右，年平均降水量 1142.6 毫米。5～10月为雨季，降水量占全年的 81.7%；主汛期为 7～9 月，降雨量更集中，占全年总降雨量的 51%。年平均日照数为 1073.7 小时，无霜期 335～355 天。宜宾属小风区，主力风为西北风，东北和西北偏西风次之，各月平均风速 1～2 米/秒，全年静风率达 40～60%。

宜宾境内水系属外流水系，以长江为主脉，河流多、密度大、水量丰富。金沙江、岷江汇合成为长江，三江支流共有大小河溪 600 多条，而流域面积在 50 平方千米以上的河流即有 82 条。其中，流域面积大于 1000 平方千米的 7 条，即金沙江、岷江、长江宜宾段、南广河、长宁河、越溪河和西宁河；流域面积 500～1000 平方千米的 4 条，即箭板河、黄沙河、古宋河和宋江河；流域面积 100～500 平方千米的24 条，50～100 平方千米的 47 条。金沙江由西南向东，岷江从西北向东南，在宜宾城区合江门汇合，长江从此向东横贯市境中部偏北，最终流入泸州市境。其他河流以三江为主干，或由北向南，或由南向北作不对称的南多北少状河网分布。南部支流多发源于崇山峻岭，故滩多水急；北部支流多流经丘陵，故水势平缓，岸势开阔。

优越的地理位置和优质的自然环境，为"酒都"宜宾酒文化的产生和发展壮大提供了必要的自然条件，后文将就此进行详细阐述。

二 宜宾的历史沿革

早在新石器时代晚期，宜宾市境内已有人类繁衍生息。春秋战国时期，境内大部为古僰人聚居之地，江安、长宁两县大部为巴国。

蜀王为防御巴、滇侵占僰地，曾于市北岷江岸设置兵兰[20]。

秦惠文王更元九年（前316年），秦灭巴蜀后，宜宾市境江安县及长宁县大部属秦国巴郡。秦昭襄王末至孝文王时（前256～前250年），蜀守李冰沿岷江修路，打通蜀僰之间道路，实境除江安、长宁外，大部纳入秦国蜀郡。

秦时"常頞略通五尺道"[21]，建成秦王朝修筑的经由今宜宾市通往云南的道路——五尺道。秦在宜宾市境设置了第一个县级行政机构——僰道，治所即在今宜宾城区。

汉高后六年（前182年），中央在"城僰道"修筑了城墙[22]。汉武帝建元六年（前135年）置犍为郡，汉昭帝始元元年（前86年）犍为郡治移僰道城，属益州刺史部。今市境各县纳入犍为郡，分属僰道、南广、江阳等县。

其后500余年间，随着朝代更迭和政治需要，宜宾地区数次更名，所属及所辖地也随之变更，但始终未脱离中央治下。至北魏景明二年（501年），僰道为"夷戎"占据，郡废。南朝梁武帝大同十年（544年），武帝平定"夷戎"后，于僰道城设戎州。北周保定三年（563年），戎州原僰道县地域设外江县（治宜宾城）作为州治。

隋于开皇元年（581年）取代北周，据有宜宾，仍设戎州。大业三年（607年），改戎州为犍为郡，外江县复名僰道县，属犍为郡，

20. 《宜宾市志》编纂委员会：《宜宾市志（送审稿）》，2008年，第49、50页；（晋）常璩撰，刘琳校注：《华阳国志校注（修订版）》卷三《蜀志》，成都时代出版社，2007年，第107、146页；（北魏）郦道元著，陈桥驿校证：《水经注校证》，中华书局，2007年，第770页。
21. 《史记》卷一一六《西南夷列传》，第2993页。
22. （晋）常璩撰，刘琳校注：《华阳国志校注（修订版）》卷三《蜀志》，第109页。又，"僰道县……高后六年城之"，第146页。《水经注·江水》："其邑，高后六年城之。"（北魏）郦道元著，陈桥驿校证：《水经注校证》，第770页。

郡治僰道城直至唐初。

唐高祖武德元年（618年），改犍为郡为戎州。除天宝元年（742年）至乾元元年（758年）改称南溪郡外，戎州长期设立，直到唐末。其州治，唐武德元年至贞观六年（618～632年）在今翠屏区李庄镇对岸涪溪口，贞观六年至长庆元年（632～821年）在宜宾城三江口，长庆元年至会昌元年（821～841年）又回到涪溪口。唐会昌元年（841年），戎州复设于僰道城；唐会昌三年（843年）因金沙江大水，州治由三江口迁至岷江北岸旧州坝，直至唐末。

五代时前、后蜀仍设戎州、僰道县，州、县治在江北未变。

宋于乾德三年（965年）占据戎州，仍设戎州、僰道县治于江北旧州坝。政和四年（1114年），戎州改称叙州，僰道县改称宜宾县，州、县治仍设在江北旧州坝。宋咸淳三年（1267年），叙州安抚使郭汉杰为对付元军骑兵，筑登高山城于今宜宾市翠屏区白沙湾街道境内白塔西路侧，宋叙州治宜宾县治同迁登高山城。

元至元十二年（1275年），郭汉杰降元。次年，元军毁登高山城，将叙州、宜宾县治迁回三江口旧城区。元至元十八年（1281年），叙州升为叙州路，叙州路治和宜宾县治设于三江口城区。另城中设叙南等处蛮夷宣抚使司，统管叙州、马湖二路及各州、县长官司、千户所等。红巾军首领明玉珍于至正二十三年（1363年）在重庆称帝，号大夏。占领宜宾后，大夏在三江口宜宾城中设叙州军民宣抚使司管理市境地域，城中宜宾县治仍设。

明洪武四年（1371年），大夏政权灭于明，明据有叙州路，路治设在三江口城区。洪武六年（1373年），叙州路改为叙州府，府治设于三江口城区。崇祯十七年（1644年），张献忠义军占领宜宾城。其后，南明军、清军反复争夺宜宾，宜宾陷入战乱之中。

清顺治十六年（1659年），清王朝正式公告"叙地全入版图"，行使对叙州府统治权。嘉庆七年（1802年），置永宁道，治泸州，辖叙州府。光绪三十三年（1907年），改永宁道名下川南道，仍治泸州，辖叙州府。宣统三年（1911年）十二月五日，反清保路"同志军"迫使清叙州知府反正，成立川南军政府，清王朝在宜宾的统治结束。

民国初，置道裁府，今宜宾市境各县归四川省下川南道管辖。1914年，下川南道复名永宁道，仍治泸州，领宜宾、南溪、江安、长宁、庆符、高、筠连、珙、兴文、屏山、富顺、隆昌、雷波和马边14县。1929年，废道制，撤销永宁道，由四川省辖领今宜宾市各县。各县县知事公署改称县政府，县知事改称县长。1935年3月，四川省分设18个行政督察区，四川省第六行政督察区领宜宾、南溪、江安、长宁、庆符、高、筠连、珙和兴文9县，专员公署设于宜宾县城。屏山县属于四川省第五行政督察区，兴文县东部属第七行政督察区。

1949年12月11日，宜宾解放。此后，宜宾地区行政区划几经调整。至2018年9月，宜宾市共辖翠屏区、南溪区、叙州区、江安县、长宁县、高县、珙县、筠连县、兴文县和屏山县3区7县（图1-2）。

截至2018年底，宜宾市共有13个街道、123个镇、49个乡[23]。宜宾市户籍总人口552.3万人，年末常住人口455.6万人，其中城镇常住人口226.2万人[24]。

23. 中华人民共和国民政部编：《中华人民共和国乡镇行政区划简册（2019）》，中国社会出版社，2019年，第71页。
24. 宜宾市统计局：《宜宾市2018年国民经济和社会发展统计公报》，《宜宾日报》2019年4月13日第3版。

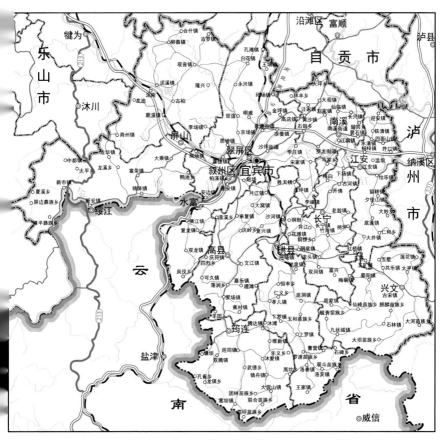

图 1-2 宜宾市地图

宜宾市历史悠久，自秦在宜宾市境设置了第一个县级行政机构始，基本长期处于中央政府管辖之下，虽偶经战乱，但社会环境整体平稳，为宜宾酒文化的持续发展提供了坚实基础。

第三节

宜宾酿酒的产生

一 向家坝库区新石器时代遗址的发现

向家坝水电站是国家"西电东送"的骨干工程之一，是金沙江下游梯级开发中最末的一个梯级，为我国第三大水电站、世界第五大水电站。坝址位于云南水富市（右岸）和四川宜宾市叙州区（左岸）境内两省交界的金沙江下游河段上，上距溪洛渡水电站坝址157千米，下距水富市城区1.5千米、宜宾市区33千米。

向家坝水电站淹没区涉及四川屏山县、雷波县、宜宾市叙州区和云南绥江县、水富市、永善县。淹没区在四川省境内主要涉及屏山县，屏山县境内淹没长约93千米，面积约120平方千米，涉及6个乡镇数百个自然村落。

自1991年起，四川省文物考古研究所（今四川省文物考古研究院）、宜宾市博物院和屏山县文物管理所等部门先后多次对向家坝水电站库区淹没区进行考古勘探和发掘。其中，2009～2012年进行的抢救性考古发掘工作完成了既定的地下文物抢救保护的野外考古工作任务，这是当时四川省为配合向家坝水电站的基本建设进行的规模最大的文物抢救保护项目，也是当时四川省投入人力最多、发掘任务最重的考古发掘项目。这次抢救性考古发掘取得了一批重要的学术成果，发掘古遗址和古墓地64处，发掘总面积6万多平方米，

图1-3 向家坝水电站淹没区（四川）重要遗址分布图
（采自《四川文物》2012年第1期）

出土文物标本3万余件，时代范围涵盖新石器时代、商周、两汉以及
元、明、清代等（图1-3）[25]。其中新石器时代的考古发现尤其重要。

　　向家坝库区发掘发现的新石器时代遗址有叫化岩遗址、石柱地
遗址和桥沟头遗址等。

　　叫化岩遗址位于屏山县楼东乡（今属书楼镇）沙坝村3组，地
处金沙江北岸一至四级阶地，分布面积约4000平方米（图1-4）。
2009年6~9月，考古工作者对该遗址进行发掘，发掘面积2000平
方米，发掘清理各类遗迹42个，其中新石器时代房址7座、灰坑10
个。房址均为地面建筑。根据建筑形式不同，这些建筑遗迹可分为
"有基槽有柱洞"和"无基槽有柱洞"两类（图1-5）。灰坑平面形
制主要有圆形、椭圆形、长方形和不规则形。

25.四川省文物考古研究院、宜宾市博物院编著：《考古宜宾五千年——向家坝库区（四
　　川）出土文物选粹》，文物出版社，2015年。

图 1-4 叫化岩遗址远景

（采自《考古宜宾五千年——向家坝库区（四川）出土文物选粹》，第 52 页）

图 1-5 叫化岩遗址新石器时代 9 号房址

（采自《考古宜宾五千年——向家坝库区（四川）出土文物选粹》，第 52 页）

该遗址共出土新石器时代陶片约 5000 片。陶质包括夹砂陶和泥质陶，其中又以夹砂陶为主。陶色包括黄褐、红褐、黑褐和灰色。纹饰有绳纹、细线纹、篦点纹、附加堆纹、凹弦纹和凸弦纹等。可辨器形有绳纹罐、高领罐、宽沿平底器、盘口器、钵以及折腹罐等。石器主要为磨制石器，种类包括斧、锛、刀、刮削器和石核等。石斧、石锛均为长条形或梯形，不见有肩石斧和有段石锛（图 1-6）。

叫化岩遗址新石器时代遗存，为川南地区首次发现的新石器时代遗存，填补了新石器时代文化在川南地区的空白；其绝对年代为距今 5000~4500 年，将对川南地区历史的认识提前了至少 2000 年。从所呈现的文化内涵来看，该遗址具有其自身的特点，代表了川南地区金沙江下游的一种全新的考古学文化类型，对建构四川地区新石器时代谱系具有重要意义，同时也为研究金沙江流域和峡江地区、成都平原的史前文化提供了全新的实物资料[26]。

石柱地遗址位于屏山县楼东乡田坝村 7、8 组，地处金沙江左岸一至五级阶地（图 1-7）。2010~2012 年，考古工作者对该遗址共进行了 5 次发掘，发现新石器时代、商周、战国秦汉及明清时期文化层

图 1-6 叫化岩遗址出土新石器时代石器
（采自《四川文物》2012 年第 1 期）

---

26. 四川省文物考古研究院、宜宾市博物院编著：《考古宜宾五千年——向家坝库区（四川）出土文物选粹》，第 51 页。

堆积，发掘面积14600平方米，共清理新石器时代、商周、战国秦汉及明清时期遗迹800多个，出土石器、陶器、铜器、铁器等各类器物4000余件（组）。该遗址以新石器时代、商周时期、战国晚期至秦汉、明清时期内涵为主。新石器时代遗迹主要有房址、灰坑和墓葬。房址均为地面建筑，其建筑形式均为无基槽，由柱洞组成的近似方形或圆形建筑。灰坑均为椭圆形或近似圆形。墓葬均为长方形竖穴土坑墓。

该遗址出土器物主要为陶器和石器。陶器有夹砂陶和泥质陶，以夹砂陶为主。陶色有黄褐、红褐、黑褐、灰褐和灰色等。纹饰有绳纹、细线纹、附加堆纹和刻划纹等。可辨器形有折沿罐、器盖、圈足器和网坠等。石器有磨制石器和打制石器，以磨制为主，器类有锛、

图1-7 石柱地遗址航拍图
（采自《考古宜宾五千年——向家坝库区（四川）出土文物选粹》，第12页）

斧、杵、球、砍砸器和刮削器等。

石柱地遗址新石器时代遗存的发现对于研究金沙江下游地区的考古学文化、成都平原史前文化向外扩散路线及构建四川新石器时代文化谱系具有重要的意义[27]。

桥沟头遗址位于屏山县福延镇庙坝村 3 组，处于金沙江左岸的一级台地上。2011 年 9~12 月，考古工作者对该遗址进行了发掘，发掘面积 2645 平方米，发现灰沟、灰坑、墓葬、陶窑、田地和梯田护墙等遗迹，出土器物 300 余件。遗存时代最早为新石器时代，战国晚期至西汉早期遗存最为丰富，从六朝至唐宋、再到明清时期，均有人类活动迹象。该遗址的发现为学术界研究西南地区古代文化的性质、特征、分期、编年和起源等提供了一批实物资料，为探索金沙江流域文明的发展轨迹提供了重要材料[28]。

以上向家坝库区发现和发掘的叫化岩、石柱地、桥沟头等新石器时代遗址，虽然遗存和遗物较少，但文化内涵清晰，不仅包含有成都平原三星堆一期文化的因素，亦含有大量三峡地区哨棚嘴文化因素，总体上更接近哨棚嘴文化。这说明，在新石器时代晚期，长江上游地区的文化格局已逐渐形成，而两种文化扩展的极限大体位于川南地区[29]。叫化岩等新石器时代遗址的发现填补了川南地区史前考古学文化的空白，使人们对川南地区的历史认识向前推进了 2000 年。这些重要发现对构建四川新石器时代的时空框架和文化谱系具有重要意义。

---

27. 四川省文物考古研究院、宜宾市博物院编著：《考古宜宾五千年——向家坝库区（四川）出土文物选粹》，第 10、11 页。
28. 四川省文物考古研究院、宜宾市博物院编著：《考古宜宾五千年——向家坝库区（四川）出土文物选粹》，第 101 页。
29. 四川省文物考古研究院、宜宾市博物院编著：《考古宜宾五千年——向家坝库区（四川）出土文物选粹》前言。

　　根据我国相关地区新石器时代有关酒器、酿酒的发现和研究，结合向家坝库区新石器时代遗址的发现和发掘，我们基本可以推断，宜宾地域的人们在新石器时代应该就已经开始了酿酒活动和饮酒生活。

我国新石器时代遗址中发现的酒具

　　我国用谷物酿酒的历史十分悠久，虽然具体时间尚无法确定，但可以肯定的是，谷物酿酒应是在新石器时代原始农业产生并得到一定程度发展以后才出现的。谷物酿酒需具备农业基础、酿酒技术、酿酒容器和酿酒发酵媒质等多方面的条件。其中酒具是必不可少的条件之一。我国考古发现的新石器时代遗址里出土了为数不少的陶质酒具。这里，笔者将举一些典型例子予以说明。

（一）辽宁阜新查海遗址出土的陶鼓腹罐和陶杯

　　查海遗址位于辽宁阜新沙拉镇查海村，是新石器时代较早期的原始部落遗址，距今约8000年。自1982年以来的7次发掘中，遗址共出土了多处半地穴式房址和墓葬等，出土了大量陶器、石器和玉器等[30]，其中又以陶器数量最多。

　　陶器能够用于酿酒、储酒、盛酒和饮酒。查海遗址出土了大量的陶器。这些陶器的生产和使用，促进了谷物酿酒的发展和饮酒习俗的形成。

　　查海遗址共出土鼓腹罐108件，造型规范、纹饰精美，它们不仅为盛水、储粮或炊煮之器，还应为酿酒、储酒和盛酒之器具。作为酒器时，鼓腹罐应主要用于酿酒过程中的谷物发酵糖化和储酒。

---

30. 辽宁省文物考古研究所（今辽宁省文物考古研究院）编著：《查海——新石器时代聚落遗址发掘报告》，文物出版社，2012年。

查海遗址还出土了 30 件陶杯，口径 4.5～10、底径 3.5～6、高 6～10 厘米。虽器形较小，口径、底径和高均比例协调，制作工艺讲究，这足以说明陶杯用途的特殊。按常理来说，喝水用的杯会比喝酒的杯大，所以陶杯不是一般的饮水之物，而是饮酒用的酒具。

查海遗址陶杯在早期没有出现，在中期才开始少量出现。从中期开始出现到晚期数量增多，可见饮酒人数开始增多，饮酒的习俗逐渐形成[31]。

（二）辽宁朝阳市德辅博物馆藏红山文化时期熊陶尊

2016 年，辽宁省朝阳市德辅博物馆从民间征集到一件红山文化时期（距今 5000～6500 年）的熊陶尊。该陶尊为夹砂红褐陶，整体圆雕出一只立熊，最大口径 4.6、腹部最宽 6.2、通长 12.2、通高 6.6 厘米（图 1-8）。

该尊体内存有原装土，其内壁的沉积物经中国社会科学院考古研究所化学实验室取样、检测，于 2018 年年初从中检测到草酸、苹果酸、乳酸、琥珀酸及一部分氨基酸，也就是说检测出了水果酒的成分。检测结果中的琥珀酸和乳酸两种有机酸只来源于水果，且须经过发酵才能产生，所以这完全可以说明：该熊陶尊里面盛放的是某种果酒。这一发现十分重要，首次证明在距今 5000～6500 年前的红山文化时期的先民们已经能够酿造水果酒，或用于饮用，或用于供奉祖先[32]。

（三）陕西高陵区杨官寨遗址出土的陶酒器

杨官寨遗址位于陕西高陵区姬家街道杨官寨村 4 组东侧泾河左

31. 李井岩、李明宇：《从红山文化源头查海遗址探析我国谷物酿酒的起源》，《北方文物》2015 年第 1 期。

32. 邵国田、王冬力：《红山文化首次发现熊陶尊及其酒元素的文化价值研究》，《吉林师范大学学报（人文社会科学版）》2018 年第 5 期。

图 1-8 辽宁朝阳市德辅博物馆藏红山文化时期熊陶尊
（采自《吉林师范大学学报（人文社会科学版）》2018 年第 5 期）

岸的一级阶地上，面积为 80 余万平方米。杨官寨遗址是渭水流域以仰韶文化庙底沟时期为主，并包含有仰韶晚期遗存的超大型环壕聚落。自 2004 年以来，其发掘面积逾 17278 平方米，发现有房址座、灰坑、壕沟、陶窑和墓葬等遗迹，出土各类可复原的器物 7000 余件。该遗址仰韶文化中期的年代约为距今 5700～5300 年。

　　杨官寨遗址出土了较多尖底瓶、平底瓶和漏斗。经对 13 件陶器（包括 3 件漏斗和 10 件尖/平底瓶）进行的残留物样品的采集以及对其淀粉粒和植硅体分析，发现了粟黍、薏米、小麦族、栝蒌根、山药、百合以及其他无法鉴定的块根植物。

　　实验考古分析并揭示了目前所知、经科学鉴定的中国最早的谷芽酒（距今 5700～5300 年）的酿制过程。此种谷芽酒以黍和薏米为基本原料，并以野生小麦族种子、栝蒌根、山药及百合等为辅助原料，糖化后经由漏斗注入尖底瓶或平底瓶中酿制而成。在酿制过程中，酿酒器需要密封，小口陶瓶的设计应是为了便于封口。酿造数日之后，醪液中一部分醪渣会浮到表面。这或可解释为何陶瓶口内壁会有较厚残留物。漏斗在酿酒过程中的功能十分明显，它是将大口陶器中糖化的醪液注入小口陶瓶的必需工具，因此漏斗上的残留物组合与陶瓶上的基本一致。总体来看，这些陶器残留物组合和淀粉粒损伤特征，显示这些器具与酿酒程序中的糖化和发酵有关。结果表明，这些尖底瓶、平底瓶和漏斗都是酿酒器具[33]。

（四）陕西西安米家崖遗址出土的陶酒器

米家崖遗址位于陕西西安东郊浐河西岸。2004~2006年，考古工作者对该遗址进行了抢救性发掘。该遗址的主体遗存年代为公元前3400~前2900年。发掘揭露了丰富的遗迹现象，其中灰坑H82和H78属于半坡四期，两个灰坑中均出土了三种陶器：阔口罐、漏斗和小口尖底瓶，似是与酿酒有关的器物。

这些器物的内壁均附着有浅黄色的残留物。从形制上看，这三种器型组合正好适用于谷芽酒酿造的三个步骤：糖化、过滤和发酵储藏。值得关注的是，两个灰坑中各有一个小型灶。在酿酒过程中，低温加热是糖化阶段的重要步骤，灰坑中的灶可以使坑内温度在一定时间内保持恒定（图1-9）。

根据以上考古学的证据，相关研究者提出假设：这两个坑中的器物代表了一套谷芽酒酿造的工具组合。为了验证此假设，研究者对陶器内壁的残留物进行了淀粉粒和植硅体等化学分析。淀粉粒、植硅体数据分析结果均显示，从陶器内壁提取的残留物中发现了包括黍、小麦族、薏米以及少量块根类植物，如栝蒌根、薯类和百合的淀粉粒。大部分淀粉粒有损伤的迹象，其中有两种损伤与谷物发芽和糖化时淀粉粒的形态改变完全对应。米家崖陶器内淀粉粒的损伤特征说明，这些淀粉粒是来源于酿酒过程中的残留物。植硅体数

33. 刘莉等：《仰韶文化的谷芽酒：解密杨官寨遗址的陶器功能》，《农业考古》2017年第6期。

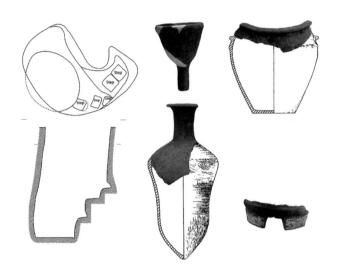

图 1-9 陕西西安市米家崖遗址 H82 的谷芽酒酿造组合
（采自《考古与文物》2017 年第 6 期）

据分析也支持这一结论。因此，米家崖遗址 H82 出土的阔口罐、漏斗和小口尖底瓶应为酿造谷芽酒的配套工具 [34]。

以上在我国新石器时代遗址中发现的酒具及其研究成果，为理解屏山县叫化岩遗址出土的陶杯的功用提供了重要参考。

屏山县叫化岩遗址出土的陶杯

叫化岩遗址地处金沙江北岸一至四级阶地，分布面积约 4000

---

34. 王佳静等：《揭示中国 5000 年前酿造谷芽酒的配方》，《考古与文物》2017 年第 6 期。漏斗和尖底瓶为酿造谷芽酒的配套工具，在与米家崖遗址同时期的陕西蓝田新街遗址也得到了科学证实。见刘莉等：《陕西蓝田新街遗址仰韶文化晚期陶器残留物分析：酿造谷芽酒的新证据》，《农业考古》2018 年第 1 期。

平方米。从考古发现的遗迹现象和出土遗物来判断，叫化岩遗址应是新石器时代末期生活在金沙江畔的一个小型原始聚落遗址。叫化岩遗址的先民们开始了定居生活，并从事农业生产。出土的石刀的刃部有明显的缺口，表明曾经被使用过，说明这把石刀确实属于人们日常生活中所使用的工具。这类石刀应该属于原始社会的收割工具。这类生产工具的出现与农业的发展有着非常密切的关系，这说明当时的村民已经不仅仅靠渔猎为生，他们已经开始了原始的农业生产[35]。

叫化岩遗址出土的一件陶杯为我们探究距今 5000～4500 年前宜宾人的日常生活提供了一个侧面的重要实物。该陶杯敞口，圆唇，斜直腹，小平底。器身通体装饰有粗绳纹。口径 5.2、底径 3.1、高 4.5 厘米（图 1-10）。虽然发掘者对这件陶杯的用途未有明确的说明，但有酒文化史研究学者认为，该陶杯"从其造型来看，和现在的酒杯很相像"，进而判断"这就是当时的酒器"。这件陶杯"是目前宜宾出土文物中最古老的酒具，是酒都宜宾有 4500 年酿酒史的实物证据"[36]。

从形制和大小来看，这件陶杯确实与如今的小酒杯很相似。联系上述相关地区考古发现的同类或相关实物，距今 5000～4500 年前的宜宾人用它来做酒器，也是很有可能的。如此说成立，则可以说明宜宾酿酒或在此时发生。

然而，可以明确当地在距今数千年前是否已经酿酒的依据，不应当是作为饮酒器的酒杯，而应是与酿酒直接相关的酿酒器具，酿酒器具才是最重要的第一手实物资料。遗憾的是，考古工作者、科

---

35. 凌受勋：《宜宾酒文化史》，中国文联出版社，2012 年，第 15 页。

36. 凌受勋：《宜宾酒文化史》，第 15 页。

图 1-10 叫化岩遗址出土新石器时代陶杯

（采自《考古宜宾五千年——向家坝库区（四川）出土文物选粹》，第 57 页）

技考古工作者以及酒文化研究者至今仍未在宜宾地区新石器时代遗址中发现或识别出此类器物。如有可能，科技考古工作者对相关陶器内壁残留物的分析，或可取得突破性进展。我们期待着类似或相关的实物资料在不久的将来早日被发现和认识。

第四节
先秦时期宜宾酿酒活动的初步发展

一 考古发现的巴蜀青铜酒器

商周时期，今四川、重庆地区存在着以古蜀族为中心建立的蜀国和以古巴族为中心建立的巴国。四川、重庆多地发现了大量该时期的酒器，其时代范围从商代，经西周，至春秋战国。巴蜀酒器的数量和种类较之前都有大幅度的增加。从材质上看，巴蜀酒器可分为陶质和铜质两类，其中造型丰富、工艺精湛、纹饰精美者当为青铜酒具。这里选择四川部分重要遗址出土的青铜酒器作一介绍，从中一探先秦时期酒在巴蜀地区的政治和社会生活中的重要作用，以便我们能更深入地认识和了解当时人们的饮酒生活。

（一）广汉三星堆遗址祭祀坑出土的青铜酒器

三星堆遗址是四川地区最重要的先秦时期遗址之一，位于四川省广汉市南兴镇的鸭子河与马牧河两岸阶地上，分布面积约 12 平方千米[37]。该遗址发现并出土了大量遗迹和遗物，其中，尤其以 1986 年 7 月发现的两座大型商代祭祀坑（一号祭祀坑和二号祭祀坑）最为重要。

一号祭祀坑出土铜器共 178 件，其中属于酒器的有尊、瓿等。

---

37. 四川省文物考古研究所（今四川省文物考古研究院）编著：《三星堆祭祀坑》，文物出版社，1999 年，第 9 页。

龙虎尊　1件。K1:158、258。口沿残，不能复原。喇叭口外侈，束颈，颈上有三周凸弦纹，宽肩，深垂腹，腹的最大径接近肩部，平底。高圈足微敞，肩上铸高浮雕的三龙呈蠕动游逦状，龙头由器肩伸出，圆眼，高柱状角，尾上卷，身饰菱形重环纹。器肩目云纹为地。在腹部和肩部龙头下有扉棱，将腹部花纹隔成三组，每组花纹主纹为高浮雕的虎和人。虎，巨头，肥耳，尾下垂，尾尖上翘。虎颈下铸一人，人手屈臂上举齐肩，两腿分开下蹲。地纹为羽状云雷纹。圈足上端有三个"十"字形镂孔和三周凸弦纹；下端有三组双身兽面纹，每组兽面纹之间有一短扉棱将花纹隔开。颈残高12.2、肩宽7.6、圈足径21.6、圈足高12、残高43.3厘米（图1－11）[38]。

二号祭祀坑出土铜器共735件，其中属于酒器的有尊、罍、壶等。

四羊首兽面纹罍[39]　1件。K2②:88。方唇，窄沿，直口，直颈，斜肩微弧，直腹，近底处弧形内收，平底，圈足稍外撇。颈部有三周凸弦纹，肩部、腹部和圈足上各有四扉棱，上下对应，将纹饰四等分。肩外缘及器壁上补铸四个卷角羊头。肩、腹及圈足纹饰均以云雷纹为地，肩部饰象鼻龙纹，腹部上沿纹饰同肩部；中部主纹为卷角夔龙组成的兽面纹，兽面正中有一浅凸棱，主纹两侧又有以扉棱为中轴的倒置的兽面纹；下部有目云纹饰带。圈足上部有四个方形镂空与扉棱成一线，下沿有八个小镂空。圈足饰双列式目纹。口径20.3、圈足径18.6、通高35.4厘米（图1－12）[40]。

---

38. 四川省文物考古研究所编著：《三星堆祭祀坑》，第33页。

39. 中国青铜器全集编辑委员会编：《中国青铜器全集》第13卷《巴蜀》，图版说明第18页。

40. 四川省文物考古研究所编著：《三星堆祭祀坑》，第253、254页。

图 1-11 三星堆一号祭祀坑
出土龙虎尊（K1:158、258）
（采自《三星堆祭祀坑》，
第 527 页）

图 1-12 三星堆二号祭祀
坑出土四羊首兽面纹罍
（K2 ②：88）
（采自《三星堆祭祀坑》，
第 564 页）

（二）彭县竹瓦街窖藏出土的青铜酒器

1959、1980 年，人们在彭县（今四川省彭州市）竹瓦街两次发现窖藏铜器[41]。两批窖藏铜器发现后研究成果众多，也存在一些认识上

图 1-13 彭县竹瓦街窖藏出土羊首耳涡纹罍
（采自《中国青铜器全集》第 13 卷《巴蜀》，图版第 70 页）

---

41. 王家祐：《记四川彭县竹瓦街出土的铜器》，《文物》1961 年第 11 期；四川省博物馆（今四川省博物院）、彭县文化馆（今彭州市文化馆）：《四川彭县西周窖藏铜器》，《考古》1981 年第 6 期。

的分歧[42]。可以肯定的是，两批铜器应为同一时期埋藏的。大多铸于西周早期，下埋于西周后期，下限可至春秋初期。其中铜酒器有多件。

羊首耳纹罍　1959年出土。覆豆形盖，四面有立棱，立棱间凸铸四个四合漩涡纹。圈足形把手，子口与器身相吻合。器身直口，斜肩，鼓腹，下收接于圈足。肩饰立体盘角羊首双耳，环列六个四合漩涡纹，颈间及腹部至圈足四面有立棱，腹下一面有羊犊头耳。通身素地，造型简洁明快，铸造精致。通高68、口径24、腹径36、圈足径26、厚约0.2厘米（图1-13）[43]。

（三）宣汉县罗家坝遗址出土的青铜酒器

罗家坝遗址位于宣汉县普光镇进化村罗家坝渠江二级支流后河左岸的一级台地上。遗址处于中河与后河的交汇处，由罗家坝外坝、张家坝及罗家坝内坝三部分组成，其中以罗家坝外坝和张家坝为遗址的核心区域。遗址总面积约1033300平方米[44]。自1999年以来，共进行了4次发掘，发现了大量遗迹，东周时期遗存为遗址的主体，出土了石器、陶器、铜器等大量遗物。其中最为重要和精美的青铜酒器是东周时期的M2、M33出土的壶、缶[45]。

---

42. 如徐中舒：《四川彭县濛阳镇出土的殷代二觯》，《文物》1962年第6期；冯汉骥：《四川彭县出土的铜器》，《文物》1980年第12期；李学勤：《彭县竹瓦街青铜器的再考察》，四川省文物考古研究所编《四川考古论文集》，文物出版社，1996年，第118～122页；李明斌：《彭县竹瓦街青铜器窖藏考辨》，《南方文物》2002年第1期；孙华：《彭县竹瓦街铜器再分析——埋藏性质、年代、原因及其文化背景》，高崇文、安田喜宪主编《长江流域青铜文化研究》，科学出版社，2002年，第126～168页；赵殿增：《竹瓦街铜器群与杜宇氏蜀国》，《四川文物》2003年第2期；罗泰：《竹瓦街——一个考古学之谜》，[德]罗泰主编《奇异的凸目——西方学者看三星堆》，巴蜀书社，2003年，第321～359页；等等。

43. 四川省博物馆、彭县文化馆：《四川彭县西周窖藏铜器》，《考古》1981年第6期；中国青铜器全集编辑委员会编《中国青铜器全集》第13卷《巴蜀》，图版说明第18页。

44. 四川省文物考古研究院等编著：《宣汉罗家坝》，文物出版社，2015年，第8页。

45. 四川省文物考古研究院等编著的《宣汉罗家坝》将其定名为"罍"（第138页），也有学者认为应为"缶"（高大伦：《读〈宣汉罗家坝〉札记》，《四川文物》2018年第4期）。按：此说可从。

图1-14 宣汉县罗家坝遗址出土铜壶（M2:2）
（采自《宣汉罗家坝》，图版九）

铜壶 出土于M2。1件。M2:2。口微侈，方唇，长颈，溜肩，鼓腹略垂，圈足。肩部有两铺首衔环耳，环上饰有卷云纹，壶身均饰有纹饰，主要分布在口下部、颈中部、腹部和圈足上。其中，口下部饰有一周卷云纹；颈中部饰有四组垂叶纹，垂叶纹中饰有两背向的兽纹；颈下部饰有两道凹弦纹，两道凹弦纹之间用卷云纹填充；腹部上、下各饰有四组相同纹饰，中间用花卉纹和菱形纹隔开，腹上部和下部均铸刻有奔兽、鹿和人组成的狩猎纹图像；其中，中间一人左手持矛、右手持戈，作追砍奔兽状；圈足上饰有一圈间隔的菱形纹。口径5、底径10.4、腹径19.7、通高33.5厘米（图1-14）[46]。该铜壶应采用了嵌错工艺，但所嵌错之物，惜已不存。

（四）新都马家乡木椁墓出土的青铜酒器

1980年3月，新都县马家公社（今属新都区斑竹园街道）二大队第三生产队晒坝东北发现一座带斜坡墓道的长方形土坑木椁墓。木椁结构宏大，用34根长枋和12根短枋叠砌而成，均为楠木，十

---

46. 四川省文物考古研究院等编著：《宣汉罗家坝》，第55、56页。

分罕见。该墓多次被盗，椁内仅残存少量器物。腰坑未被盗，其内出土铜器188件，每种器物或为5件或为2件，包括鼎、罍、壶、编钟、刀和剑等。墓主应为古蜀国开明九世至十一世中的某位蜀王[47]。

铜壶 10件。素面。可分为二式，每式各5件。Ⅰ式，口径14、底径13.5、腹径25.5、通高30厘米。Ⅱ式，盖有兽纽，4件为四纽，1件为三纽。直口，颈稍敛，溜肩，鼓腹，圈足。盖微凸，有四纽。肩上饰对称兽头铺首衔环双耳，其中3件尚存棕绳提梁，并

图1-15 新都马家乡木椁墓出土棕提梁铜壶
（采自《中国青铜器全集》第13卷《巴蜀》，图版第90页）

用一短索将盖系于耳上。口径11、底径14、腹径24、通高35厘米。这种用棕绳做提梁的壶，为四川首见（图1-15）。

从以上列举的四川各地发现的种类丰富、造型美观、工艺精湛的青铜酒器来看，在商周时期，四川地区的饮酒活动较为流行，尤其是在社会上层更为盛行。从当时的社会环境来推测，酒作为当时日常生活

47. 四川省博物馆、新都县文物管理所（今新都区文物管理所）：《四川新都战国木椁墓》，《文物》1981年第6期。

中的常备饮品,这些酒具中所盛放的应是由当地酿造的酒。结合四川其他地区的发现,我们可以乐观地估计,在商周时期,宜宾地区的人们饮用的应为来自当地的佳酿。我们期待在不远的将来,相关资料能够被发现[48]。

二 僰人与枸酱

先秦时期,在宜宾地域生活的居民主要是被称为"僰人"的少数民族[49]。据相关学者考证,"僰"字见于甲骨文[50]。《尚书·牧誓》记载周武王伐纣,从征者有"蜀、羌、髳、微、卢、彭、濮人"等族。其中"濮"与"僰"为同音异写,濮人即僰人[51]。因伐纣有功,受封"僰侯",并在自己的土地上建立了"僰侯国",僰人的建国盖始于此[52]。所谓"侯国""建国",应指僰人的部族集团。

最早出现"僰人"一词的古籍是《吕氏春秋》,该书《恃君览·恃君》载:"氐、羌、呼唐、离水之西,僰人、野人、篇笮之川,舟人、送龙、突人之乡,多无君。"[53]似乎在当时僰人又属于"无君"的状

---

48. 很多论著里提到 1984 年 7 月宜宾县横江镇曾出土一件"蝉纹青铜爵","据考证为战国时期所铸造"。但从其形制来看,似为宋代或以后之物。宜宾市博物院编著《酒都藏宝 —— 宜宾馆藏文物集萃》(文物出版社,2012 年)"前言"里也说"宜宾县横江镇出土的战国铜爵"(第 9 页),但又将其时代定为宋代(第 140、141 页)。按:定为宋代应不误。

49. 早在 20 世纪 40 年代,就有学者对西南地区历史上的僰人进行了详细探究。如郑德坤:《僰人考》,《说文月刊》第 4 卷合刊本,1944 年,第 297 ~ 320 页。

50. 林超民:《僰人的族属与迁徙》,《思想战线》1982 年第 5 期。

51. 童恩正:《古代的巴蜀》,重庆出版社,1998 年,第 95 页。

52. 林超民:《僰人的族属与迁徙》,《思想战线》1982 年第 5 期;凌受勋:《宜宾酒文化史》,第 16 页。

53.(战国)吕不韦著,陈奇猷校释:《吕氏春秋新校释》,上海古籍出版社,2002 年,第 1331 页。

态。不过，到秦"常頞略通五尺道"时[54]，建成秦王朝修筑的经由今宜宾市通往云南的道路 —— 五尺道之后，秦在宜宾市境设置了第一个县级行政机构 —— 僰道（治所即在今宜宾城区），对其进行统治。秦汉地方行政制度，县"有蛮夷曰道"[55]，秦将县名定为"僰道"就是因为这里是僰人聚居区。《汉书·地理志上》"僰道条"，颜师古注引应劭曰："古僰侯国也。"[56] 宋人欧阳忞《舆地广记》卷三一《梓州路》也说："宜宾县，古僰侯国，秦曰僰道，汉置犍为郡……而以僰道为属县。"[57] 这些记载即明确说明了僰道与僰侯国的关系。

僰人在春秋时期曾居住于岷江以西（今雅安地区），后遭到蜀国保子帝的攻击而被迫向南迁至犍为地区[58]。从民族构成来看，僰人应为氐羌系统之一。《史记·平津侯主父列传》和《汉书·严安传》中"羌僰"的称谓即为最明确的记载[59]。《说文解字·人部》"僰"字："犍为蛮夷也。从人，棘声。"[60]《水经注·江水》"又东南过僰道县北"，郦道元注："县本僰人居之。《地理风俗记》曰：夷中最仁，有人道，故字从人。"虽为蛮夷，但却"最仁""有人道"，"实际上是指这种民族文化发展的水平较高"。同时，僰人的经济以农业为主，物产丰饶[61]。

僰人葬俗较为特殊，为悬棺葬。悬棺葬分布范围广泛，但川南

54.《史记》卷一一六《西南夷列传》，第 2993 页。

55.《汉书》卷一九上《百官公卿表上》，第 742 页。

56.《汉书》卷二八上《地理志上》，第 1599 页。

57.（宋）欧阳忞：《宋本舆地广记》卷三一《梓州路》，国家图书馆出版社，2017 年，第 109 页。

58. 林超民：《僰人的族属与迁徙》，《思想战线》1982 年第 5 期。

59. 孙俊：《战国秦汉西南族群演进的空间格局与地理观念》，博士学位论文，云南师范大学，2016 年，第 65 页。

60.（汉）许慎撰，（清）段玉裁注，许惟贤整理《说文解字注》，凤凰出版社，2015 年，第 672、673 页。

61. 童恩正：《古代的巴蜀》，第 95 页。

地区的悬棺葬主人应属于僰人[62]。悬棺葬为一种特殊的民族葬俗,以将死者的棺木放置在悬崖绝壁上为特征。置棺高度,一般距离地表10～50米,最高者达100米。置棺方式有以下几种:一为木桩式,即在峭壁上凿孔2～3个,楔入木桩以支托棺木;二是凿穴式,即在岩壁上凿横穴或竖穴,以盛放棺木;三是利用岩壁间的天然洞穴或裂缝盛放棺木。1974年,四川省博物馆(今四川博物院)、珙县文化馆在珙县洛表区麻塘坝的邓家岩和白马洞两地共取下10具悬棺,其年代初步定为明代[63]。棺内保存较为完好的人骨遗存为体质人类学探讨"僰人悬棺"内的死者的体质类型提供了资料。研究表明,"僰人悬棺"内的死者属于亚洲蒙古人种[64]。

有学者认为,僰人已经开始酿造名为"枸酱"的果酒。元人宋伯仁在《酒小史》一书中,将"蒟酱"作为一种果酒的名称,与其他酒列在一起。更有学者指出,"蒟"是川南一带随处可见的常绿灌木"红籽树"(又称"救军粮"),而"蒟酱"便是以这种灌木果实"红籽"为原料酿制的一种果酒。"浆是汁状的液体,酱与浆通假。枸酱,就是蒟酱,是一种饮料。具体地说,就是川滇黔边境地区一带夜郎古国里随处可见的红籽树果实所酿成的酒浆。"[65]也有学者认为:

> 实际上,在汉代"蒟酱"出现之前,川南僰人便早已发现了果品自然发酵成酒的现象。如明代人陈继儒在《酒颠补》一书中写道:"西南夷有树,类棕,高五、六丈,结实大如李……倒其实,

62. 蒙默:《"僰人悬棺"辨疑》,《思想战线》1983年第1期。

63. 四川省博物馆、珙县文化馆:《四川珙县洛表公社十具"僰人"悬棺清理简报》,《文物》1980年第6期。

64. 朱泓:《"僰人悬棺"颅骨的人种学分析》,四川大学博物馆、中国古代铜鼓研究学会编《南方民族考古》第1辑,四川大学出版社,1987年,第133～140页。

65. 丁天锡、何泽宇:《五粮液史话》,巴蜀书社,1988年。转引自邓沛:《"蒟酱"小考》,《青海师专学报(教育科学版)》2005年第2期。

取汁流于罐，以为酒，名树头酒。"这种原始果酒的出现，启发了古僰人的智慧，进而才出现了"蒟酱"这一真正意义上经过酿造程序生产出的果酒，开了僰道酿酒史的先河，也因此出现了"僰道酒香二千年"的佳话[66]。

《史记·西南夷列传》载：

> 建元六年，大行王恢击东越，东越杀王郢以报。恢因兵威使番阳令唐蒙风指晓南越。南越食蒙蜀枸酱（《集解》引徐广注曰："枸，一作'蒟'，音窭。"骃案：《汉书音义》曰"枸木似榖树，其叶如桑叶。用其叶作酱酢，美，蜀人以为珍味"。《索隐》蒟。案：晋灼音矩。刘德云"蒟树如桑，其椹长二三寸，味酢。取其实以为酱，美"。又云"蒟缘树而生，非木也。今蜀土家出蒟，实似桑椹（葚），味辛似姜，不酢"。又云"取叶"。此注又云叶似桑叶，非也。《广志》云"色黑，味辛，下气消谷"。窭，求羽反。）蒙问所从来，曰"道西北牂柯，牂柯江广数里，出番禺城下"。），蒙归至长安，问蜀贾人，贾人曰："独蜀出枸酱，多持窃出市夜郎。夜郎者，临牂柯江，江广百余步，足以行船。南越以财物役属夜郎，西至同师，然亦不能臣使也。"[67]

唐蒙出使南越，后者以蜀地特产枸酱招待。这种枸酱"美，蜀人以为珍味"。然而，从上引古人各家注解来看，观点各异，枸酱所指已不明了。直到今天，枸酱具体指的是什么，是酱，是酒，还是饮料？尚存在诸多争议[68]。"枸酱"作为果酒的说法，还需要更多的资料来证实。

联想到该时期巴蜀各地出现的大量精美的酒具，同处巴蜀地区的宜宾酿酒应该也有一定的发展，我们期待着相关资料的发现。

---

66. 邓沛：《"蒟酱"小考》，《青海师专学报（教育科学版）》2005 年第 2 期。
67. 《史记》卷一一六《西南夷列传》，第 2993、2994 页。
68. 李映发：《岷江流域农作物与五粮酿酒》，《宜宾学院学报》2012 年第 1 期；凌受勋：《宜宾酒文化史》，第 23 ~ 25 页。

第二章

汉代宜宾酒文化

第一节

汉代蜀地的发展与繁荣

　　周慎靓王五年（秦惠文王后元九年，前316年）秋，秦惠文王派遣张仪、司马错、都尉墨率军从金牛道（石牛道）南下伐蜀，破蜀军于葭萌。蜀王及太子先后被杀，蜀灭[1]。秦军又乘势灭掉巴国。秦灭巴蜀，意义重大，巴蜀地区的文明进程明显加快，"逐步融汇于铁器时代统一的中国文明之中"[2]，"使得巴蜀地区在不太长的时间内，在政治、经济、文化诸方面都赶上并达到了全国先进水平"[3]。秦在巴蜀故地推行郡县制，设置了巴、蜀、汉中三郡。李冰在任蜀郡太守期间，大力进行包括创建都江堰在内的一系列经济建设。李冰的业绩从根本上推动了成都经济区跃居全国先进经济区。汉代时，川西平原成了享誉全国的"天府之国"[4]。

　　从秦灭巴蜀到西汉晚期，中央政府向巴蜀地区进行了长达300年的移民，为我国历史上最早、持续时间最长、规模最大的移民运动，对巴蜀地区产生了深远影响[5]。大量移民的迁入，不但给当地带

---

1. 关于秦灭蜀的时间，有学者认为为秦惠文王前元九年（前329年），见马培棠：《巴蜀归秦考》，《禹贡》1934年第2卷第2期；钟凤年：《论秦举巴蜀之年代》，《禹贡》1935年第4卷第3期；郑德坤：《四川古代文化史》，巴蜀书社，2004年，第28～30页。
2. 段渝：《四川通史》卷一《先秦》，四川人民出版社，2010年，第189页。
3. 罗开玉：《四川通史》卷二《秦汉三国》，第1页。
4. 罗开玉：《四川通史》卷二《秦汉三国》，第19页。
5. 葛剑雄：《中国移民史》第二卷《先秦至魏晋南北朝时期》相关章节，福建人民出版社，1997年。

来了大量的劳动力，也带来了较为先进的生产技术和文化，促进了巴蜀地区的开发与经济发展。

蜀地人口大幅增加，经济繁荣，文化教育事业发达。到新莽时期，成都已成为当时国内除首都长安之外的最重要的商业都会"五都"之一[6]。

据统计，西汉平帝元始元年（1年），巴蜀地区有76万余户，350余万人。中间虽多次历经战乱，但到东汉顺帝永和三年（138年）时，巴蜀地区户数增加到117万户，人口增至470余万人。户数增幅达到了54%，人口增幅为34%[7]。增加的大量人口，为社会经济发展提供了最重要的劳动力。

汉代蜀地经济繁荣，富商大贾云集。西汉中晚期时，全国形成十大经济区，巴蜀是其中一个单独的经济区，已初步形成"天府之国"的框架，到东汉时期已正式成为世所公认的"天府之国"[8]。两汉之际，公孙述可以自立为蜀王，定都成都，很大原因就是"蜀地肥饶，兵力精强"。"蜀地沃野千里，土壤膏腴，果实所生，无谷而饱。女工之业，覆衣天下。名材竹干，器械之饶，不可胜用。又有鱼盐铜银之利，浮水转漕之便。"[9]实不负"天府之国"之美誉。

汉代巴蜀地区农业有了质的飞跃，牧业、养殖业、园植业和渔业也大大发展[10]。手工业如冶铁、井盐等迅速出现并高速发展；冶铜、陶瓷、木工、造船、漆器、纺织等也有了空前发展[11]。"即铁山鼓铸"的卓氏、"冶铸"的程郑、"擅井盐之利"的罗裒等均为当时著名的富商

6.《汉书》卷二四下《食货志下》，第1180页。
7. 罗开玉：《四川通史》卷二《秦汉三国》，第98页。
8. 罗开玉：《四川通史》卷二《秦汉三国》，第98页。
9.《后汉书》卷一三《公孙述传》，中华书局，1965年，第535页。
10. 罗开玉：《四川通史》卷二《秦汉三国》，第268页。
11. 罗开玉：《四川通史》卷二《秦汉三国》，第281页。

巨贾。《华阳国志·蜀志》中"家有盐铜之利，户专山川之材，居给人足，以富相尚。故工商致结驷连骑，豪族服王侯美衣，娶嫁设太牢之厨膳，归女有百两之从车，送葬必高坟瓦椁，祭奠而羊豕夕牲，赠襚兼加，赗赙过礼"[12] 即为对当时经济发达的真实记录。

文化教育事业发达。西汉著名循吏文翁在景帝末年任蜀郡太守。在任期间，为改革民风，大力发展教育，他通过选拔优秀人才、率先创建郡学等措施，使蜀地的民风得到极大改善，蜀地到京城求学的人数可与齐鲁之地并论。至汉武帝时，中央命令全国郡县设立学宫，即是将文翁创立郡学的做法推广到全国[13]。文化教育事业的发达使蜀地出现了大批闻名全国的优秀学者，如扬雄、司马相如等，而这些学者的出现又反向促进了当地文化教育事业的发展，蜀地的文化教育事业进入了良性循环的发展轨道。

汉代巴蜀大地的经济、文化得到长足发展，"居给人足"。也因为人们生活水平的提高，作为日常生活的重要饮食内容的酿酒与饮酒之风，自然是十分盛行的。

---

12. （晋）常璩撰，刘琳校注：《华阳国志校注（修订版）》卷三《蜀志》，第115页。
13. 《汉书》卷八九《循吏传·文翁传》，第3625～3627页。

第二节
汉代四川酒业的发展

在我国古代酿酒业的发展过程中，汉代是一个十分重要的时期，酿酒技术在此期间有了很大提高。汉代酿酒技术的提高，主要表现在以下三个方面：造曲技术有较大发展，已普遍使用"复式发酵法"；成酒度数（酒精含量）的提高；酒名开始大量出现，酒类品种增多[14]。

作为汉代经济发达的富庶之地，巴蜀地区的酒业也取得了快速发展。一批名酒开始涌现，见于传世文献和出土实物资料的有甘酒、清醪酒、酴酿酒、郫筒酒、清酒和旨酒等[15]。而四川出土的汉代画像石、画像砖亦为我们再现了当时蜀地酿酒、卖酒的情景。

酿酒画面见于1975年出土于成都市金牛区土桥镇（今属金泉街道）西侧的曾家包汉墓M1西后室后壁的画像石。该画像石体量巨大。全幅可分为上中下三部分。上部为狩猎图。中部立武器架，武器架左右各一部织布机。左上有一立柱，柱上悬一猴。立柱左侧有马一匹及卷篷车一辆。下部为酿酒图。自下而上，从女郎提水，牛车送粮，炊者烹煮到列坛盛酒，组合紧密，生动地描绘了酿制美酒的过程。所余酒糟作为饲料，画中把成群的禽畜分布在周围，增添了浓厚的

---

14. 余华青、张廷皓：《汉代酿酒业探讨》，《历史研究》1980 年第 5 期。
15. 罗开玉：《四川通史》卷二《秦汉三国》，第 321、322 页。

图2-1 成都市金牛区曾家包汉墓"酿酒·马厩·兰锜图"拓片
（采自《中国画像石全集·四川画像石》，第38页）

生活气息（图2-1）[16]。也有学者这样解释图中场景："图中有五口大
陶缸，一人右手正向缸内投酒曲，左手握棍用力搅拌。陶缸为侈口，
便于进料，敛颈为防止酒香外溢，大腹增加盛料容量，缸底部埋于
地下使其固定和保温。旁边一人赶牛车运载粮食来到酿酒作坊，有
一妇女正在井边提水，附近一只犬被酒香吸引，正伸长脖子张望。"[17]
尽管对画面的解读存在差异，但画中表现的内容为"酿酒"这一场景

---

16. 成都市文物管理处（今成都博物馆）：《四川成都曾家包东汉画像砖石墓》，《文
　　物》1981年第10期。
17. 张德全：《汉代四川酿酒业研究》，《四川文物》2003年第3期。

当是无误的。

表现汉代卖酒、酒肆的场景也屡见于出土的画像砖中。兹举例说明如下。

新都县新农乡出土的"酒肆"画像砖 1979 年出土于新都县新农乡（今成都市新都区新繁镇），现藏四川博物院。左侧微残。长方形，表面有朱、墨色痕迹。画面右侧为一酒肆，内悬二容器，下有一大缸，前为一平台，平台上有三圆圈，下有三壶。大缸前一人，宽衣博袖，衣袖高卷，右手持一量器，作舀取状，左手扶于边沿。其侧一人似为女子，发髻高挽，宽衣博袖，右手伸出。酒肆外一人着长衣作观看状，当为沽酒者。其左侧一人短衣裤，肩荷二壶作回顾状。画面左上一人椎髻，短衣裤，推一独轮车作前行状，车上置一方瓮。画像砖长 50、高 28.4 厘米（图 2-2）[18]。

图 2-2 新都县新农乡出土"酒肆"画像砖拓片
（采自《中国画像砖全集·四川汉画像砖》，图版第 95 页）

18.《中国画像砖全集》编辑委员会编：《中国画像砖全集·四川汉画像砖》，四川美术出版社，2006 年，图版第 95 页，说明第 53 页。

图 2-3 彭县义和乡征集"酒肆"画像砖拓片
（采自《中国画像石全集·四川画像石》，图版第 96 页）

　　彭县义和乡征集"酒肆"画像砖　1985 年征集，现藏四川博物院。长方形。画面右侧为一酒肆，内悬二壶，下有一平台，上置一物，下有二壶。酒肆内一人着冠，宽衣博袖，伸手作售卖状。酒肆外一人亦着冠，宽衣博袖，伸手作接物状，当为沽酒者。其左侧一人椎髻，短衣裤，推一独轮车作回顾状，车上置一方瓮。画面左上侧亦有一椎髻短衣裤之人，肩荷一壶，作奔走状。其右侧有一嬉戏儿童。画像砖长 44.5、高 25 厘米（图 2-3）[19]。

　　彭州市升平镇征集"酒肆"画像砖　1986 年征集，现藏四川博物院。长方形，左侧残损，画面左侧为一酒肆，内悬二壶，下有一大缸，缸侧置一案，案上有二圆圈，下有二壶。酒肆内一人着冠，宽衣博袖，

19. 四川省博物馆：《四川彭县等地新收集到一批画像砖》，《考古》1987 年第 6 期；《中国画像砖全集》编辑委员会编：《中国画像砖全集·四川汉画像砖》，图版第 96 页，说明第 54 页。

图 2-4 彭州升平镇征集"酒肆"画像砖拓片
（采自《中国画像砖全集·四川汉画像砖》，图版第 95 页）

右手持一量器，左手伸出，作售卖状。酒肆前有二壶，一人着冠，宽
衣博袖，伸手作接物状；右侧一人，亦着冠，宽衣博袖，二人当为沽
酒者。其右侧又有一人短衣裤，肩荷二壶，作奔走状。酒肆外置一案，
上置一方瓮，其侧跪有二羊。画面右下一人椎髻，短衣裤，推一独轮
车，车上置一跪羊。画像砖长 42.5、高 25.3 厘米（图 2-4）[20]。

广汉市罗家包汉墓"酒肆"画像砖 1996 年出土于广汉市罗家
包汉墓。长方形。左侧为一阁楼，下部为"八"字形楼梯，左侧楼
梯一人正向上走去。二层有二人分坐左右，右侧人身前倾作观看
状。三层悬一鼓。画面右侧为一酒肆，内悬三壶，下有一平台，平
台上有二圆洞，下有二壶。酒肆内一人着长衣，左手持一量器，右

---

20. 四川省博物馆：《四川彭县等地新收集到一批画像砖》，《考古》1987 年第 6 期；《中
国画像砖全集》编辑委员会编：《中国画像砖全集·四川汉画像砖》，图版第 95 页，
说明第 54 页。

图 2-5 广汉市罗家包汉墓出土"酒肆"画像砖拓片
（采自《四川文物》2016 年第 1 期）

手伸出，作售卖状。酒肆外一人着长衣，左手持一容器，正递向售酒者。画面右下一人椎髻，推一独轮车作前行状，车上置一方瓮。画面中上部，阁楼和酒肆间一人坐执一鱼，身左倾，其侧有一圈足杯。画像砖长 40、高 25 厘米（图 2-5）[21]。

有学者将上述某些画像砖画面解释为生产蒸馏酒的作坊图像[22]可能不太准确。虽从画面上不能排除存在酿酒的可能性，但将其均定为"酒肆"画像砖无疑更加准确[23]。

如此多的"酒肆"画像砖被发现，从侧面反映了当时四川酒业的发达程度。

21. 四川省文物考古研究院、广汉市文物保护管理所：《四川广汉市罗家包东汉墓发掘简报》，《四川文物》2016 年第 1 期。
22. 王有鹏：《试论我国蒸馏酒之起源》，《四川文物》1989 年第 4 期。
23. 曾磊：《四川地区出土"酒肆"画像砖解读》，《四川文物》2016 年第 5 期。以上画像砖的描述，多引用该文。

第三节

宜宾汉代酒文化遗存

虽然传世文献里未见有关宜宾地区汉代酒文化的记载，但宜宾地区汉代考古还是发现了不少与饮酒、酒具相关的画面或实物，为我们一探当时的酒文化提供了重要的第一手资料。

一　汉代画像石棺所见饮酒生活

汉代画像石棺是一种特殊的石质葬具。宜宾地区是汉代画像石棺出土较为集中的区域，属于汉代画像石棺三大分区（岷江区、沱江区和长江区）之一的长江区[24]。宜宾地区的翠屏区、南溪区、江安县、长宁县、高县和屏山县等地皆有汉代画像石棺出土。画像石棺的头挡、足挡、两侧帮以及棺盖上常常雕刻有各种图案，画像的内容大体可分为社会现实生活与生产、历史人物故事、祥瑞神话、自然景物以及装饰图案等。但画像石棺本身为当时人们丧葬行为的产物，故画像内容应与当时人民的丧葬观念有关。如从此角度考虑，则汉代石棺画像的内容又可分为仙境与升仙（神仙仙境、升仙、墓主生活及社会生活、历史人物故事、生殖崇拜）和驱鬼镇墓两大类[25]。无论上述分类存在哪些差异，可以肯定的是，其中反映社会生活和墓主生活的

---

24. 罗二虎：《汉代画像石棺》，巴蜀书社，2002年，第239、240页。
25. 罗二虎：《汉代画像石棺》，第169页。

内容，当来自于当时真实的社会生活，是对当时生活状况较为客观的一种图像记录。

宜宾地区出土了多具汉代画像石棺，其中几具的石棺侧帮上有反映现实饮酒生活的内容。

有多人宴饮者。如 1985 年发现并清理的江安县黄龙乡桂花村（今属留耕镇）1 号墓出土的 1 号石棺[26]，棺身长 214、高 78、上宽 66、下宽 78 厘米。棺盖顶弧形，长 228、宽 67、高 22 厘米。石棺右侧帮为"宴饮百戏图"，共 14 个人物。右侧 6 人，均戴冠，两两相对而坐作交谈状，前方几案上置满佳肴。几案前有一条大鱼和一个大酒杯，似表示宴席豪盛，美酒佳肴丰盛有余之意。左侧 8 人，正在表演百戏，可分为三组。左侧一组 3 人，正在表演冲狭，一人持环，

图 2-6 江安县黄龙乡桂花村 1 号墓 1 号石棺右侧帮 "宴饮百戏图" 拓片
（采自《考古与文物》1991 年第 1 期）

26. 崔陈：《江安县黄龙乡魏晋石室墓》，《四川文物》1989 年第 1 期；崔陈：《宜宾地区出土汉代画像石棺》，《考古与文物》1991 年第 1 期。

一人正欲飞身越过环中，一人面向跃环者站立，双手高举助兴。中间3人，一人抛三丸，一人掷三剑，一人踏鞠。右侧2人，作舞乐表演。四周边栏施云气纹，边栏外两侧各有一个"胜"图案。在上侧边栏下有7个倒置山形纹（图2-6）[27]。

类似的画面也见于1986年长宁县古河乡（今古河镇）晋王坟出土的画像石棺右侧帮"百戏·庖厨·宴饮"图。该拓片纵80、横210厘米。画面分为上下两格，上层左为庖厨，二人执刀切菜，一人正在屋前烧火。上挂鱼兽四条，一人牵犬。右有10人，分为五组对饮、交谈，面前均放置耳杯。下层为百戏图。最左侧为4人席地而坐，面前放置耳杯，正在观看百戏表演。其右，一人手执圆环，一人正向圆环"冲狭"。右叠案上有一人作倒立表演状，造型矫健优美。再

右置一鼓，鼓前有4个身材较小的人在跳舞。鼓右一人跳三剑，一人跳三丸，一人跳长袖舞，一人站立[28]。场面热闹欢快。

有夫妻对饮者。1977年，宜宾县（今宜宾市叙州区）公子山崖墓出土石棺侧帮有"庖厨·对饮"的画面[29]。该石棺现藏宜宾市叙州区文物管理所。拓片纵50、横82厘米。帷幔之下，左侧一人正在破鱼，其上挂有鸭、火腿和鱼等。右侧二人跪坐相对，正相对举杯。从衣着分析，位于左侧执方形便

27. 罗二虎：《汉代画像石棺》，第97、98页。

28. 高文主编：《中国画像石棺全集》，三晋出版社，2011年，第286页。

29. 关于该石棺的出土时间、地点名称写法不一。高文主编《中国画像石棺全集》写作"八十年代宜宾市弓子山崖墓出土"（第265页）；郑永乐、丁天锡《从汉代出土文物看宜宾的酒文化》（《四川文物》1995年第4期）写作"宜宾县公子山1977年出土"。此据后者的说法。

图 2-7 宜宾县公子山崖墓出土石棺侧帮 "庖厨·对饮" 拓片
（采自《中国画像石棺全集》，第 265 页）

面的应为女性，与其相对的应为男性，两人应为夫妻，正把酒言欢，
甜蜜恩爱（图 2-7）[30]。

　　从上述宜宾地区出土的汉代画像石棺上的相关画面来看，表现
当时饮酒生活的主要有夫妻对饮和群饮两种，前者属于私人空间范
围的活动，应为家宴；后者则属于群体公共空间内的交际行为，宴
饮的同时一般都有歌舞、百戏等助兴，场面热烈、欢快。作为 "嘉会
之好" 的酒[31]，自然是宴饮不可或缺的饮品。所谓 "酒流犹多，群庶
崇饮，日富月奢"[32]，正是当时饮酒之风盛行的真实写照[33]。

30. 高文主编：《中国画像石棺全集》，第 265 页。

31. 《汉书》卷二四下《食货志下》，第 1183 页。

32. 王粲：《酒赋》，费振刚等辑校《全汉赋》，北京大学出版社，1993 年，第 670 页。

33. 余华青、张廷皓：《汉代酿酒业探讨》，《历史研究》1980 年第 5 期。

二 汉代酒器

宜宾地区汉代考古发现的酒文化实物还有不少酒具,如陶耳杯、陶壶、铜壶、铜锺、铜罍、陶蒜头壶和铜蒜头壶等,种类多样,造型精致。

陶耳杯 宜宾市翠屏区真武山蒲草田出土。椭圆形,月形双耳,内底弧形,外底平底,假圈足。口长 11.6、高 3.8 厘米(图 2–8)[34]。该耳杯应为一件陪葬的明器。耳杯,又名羽觞。汉代耳杯一般为漆器,也有铜制的。制作考究者会在杯口处镶一圈银扣,并与银杯耳铸成一体[35]。耳杯常用于饮酒。浙江宁波西南郊汉墓出土的一对漆耳杯内书"宜酒"[36],长沙汤家岭西汉张端君墓所出漆耳杯残片杯外有"张端君酒杯□□"的漆书[37],长沙马王堆一号汉墓出土的漆耳杯中也

图 2–8 宜宾市翠屏区真武山蒲草田出土陶耳杯
(采自《酒都藏宝——宜宾馆藏文物集萃》,第 146 页)

34. 宜宾市博物院编著:《酒都藏宝——宜宾馆藏文物集萃》,文物出版社,2012 年,第 146 页。
35. 孙机:《汉代物质文化资料图说(增订本)》,上海古籍出版社,2008 年,第 354 页。
36. 赵人俊:《宁波地区发掘的古墓葬和古文化遗址》,《文物参考资料》1956 年第 4 期。
37. 湖南省博物馆:《长沙汤家岭西汉墓清理报告》,《考古》1966 年第 4 期。

图 2-9 屏山县石柱地遗址出土陶壶
（采自《酒都藏宝——宜宾馆藏文物集萃》，第 33 页）

有漆书"君幸酒"或"君幸食"[38]。

  陶壶 屏山县石柱地遗址出土。此壶为夹砂灰陶。圆饼形盖，盖上饰一圆形组。盘口，束颈，溜肩，鼓腹，圈足较高。高 44 厘米（图 2-9）[39]。

---

38. 湖南省博物馆、中国科学院考古研究所编：《长沙马王堆一号汉墓》，文物出版社，1973 年，第 82、83 页。

39. 宜宾市博物院编著：《酒都藏宝——宜宾馆藏文物集萃》，第 32 页。

图 2-10 临港经济开发区出土汉代铜锺
（采自《酒都藏宝——宜宾馆藏文物集萃》，第 69 页）

汉代铜锺　宜宾临港经济开发区出土，现藏宜宾市博物院。盖
佚。侈口，宽沿，束颈，溜肩，圆腹，喇叭形圈足。腹上部有对称
的铺首衔环。肩部有两周凸弦纹，腹部有三周凸弦纹，近底部有两
周凸弦纹。口径 14.5、高 35.8 厘米（图 2-10）[40]。

汉代铜罍　兴文县古宋乡（今古宋镇）出土，现藏宜宾市博物

40.宜宾市博物院编著：《酒都藏宝——宜宾馆藏文物集萃》，第 68 、 69 页。

院。口内敛，广肩，鼓腹下收，喇叭形圈足。肩上有对称的环耳。
腹上部饰有对称的铺首。肩部有三周凸弦纹，腹部有二周凸弦纹。
口径8、高32厘米（图2-11）[41]。

图2-11 兴文县古宋乡出土汉代
铜罍
（采自《酒都藏宝——宜宾馆藏
文物集萃》，第70页）

图2-12 屏山县石柱地遗址出土
西汉陶蒜头壶
（采自《酒都藏宝——宜宾馆藏
文物集萃》，第36页）

41.宜宾市博物院编著：《酒都藏宝——宜宾馆藏文物集萃》，第70页。按：此件铜
罍的年代存疑。

图 2-13 宜宾市翠屏区水井街出
土西汉铜蒜头壶
（采自《酒都藏宝——宜宾馆藏
文物集萃》，第 140 页）

西汉陶蒜头壶　屏山县石柱地遗址出土。此壶为夹砂灰陶。敛口，蒜头形口，长直颈，溜肩，圆鼓腹，矮圈足。素面。口径 4、高 29 厘米（图 2-12）[42]。

西汉铜蒜头壶　宜宾市翠屏区水井街出土，现藏宜宾市博物院。蒜头形壶口，长直颈，溜肩，鼓腹，平底，圈足。长直颈偏下处近一半处有一铜箍。口径 2.8、高 40 厘米（图 2-13）[43]。

以上所举酒器中，除耳杯为饮酒器外，其他如壶、锺、罍、蒜头壶等均为盛酒器[44]。酒器种类繁多，从侧面反映出汉代宜宾地区饮酒之风的盛行。联系川西平原画像砖的相关内容，不难推测，酿酒、沽酒和饮酒对于生活在汉代宜宾地区的人们来说，应当为日常生活中的重要内容之一。

42. 宜宾市博物院编著：《酒都藏宝——宜宾馆藏文物集萃》，第 36 页。
43. 宜宾市博物院编著：《酒都藏宝——宜宾馆藏文物集萃》，第 140 页。
44. 孙机：《汉代物质文化资料图说（增订本）》，第 366～369 页。

第三章　唐代宜宾酒文化

第一节
唐代的宜宾

　　梁大同十年（544年），中央在蜀地置戎州，治僰道县城。隋大业初，复为犍为郡；唐武德初复曰戎州，州治在南溪县城；贞观四年（630年），置戎州都督府，州治迁回僰道县城；天宝初，改南溪郡；乾元初，复曰戎州，属剑南道。戎州都督府主管境内诸州军事，并监督诸州刺史。唐朝统治宜宾的近300年间，除天宝元年至乾元元年（742～758年）戎州更名南溪郡外，其余时间一直称为戎州。戎州、南溪郡均属剑南道[1]。

　　唐太宗贞观年间，戎州都督府领有协、曲、郎、昆、盘、黎、匡、髳、尹、曾、钧、藤、哀、微、姚等16个羁縻州。其后，屡有兴废。开元年间，戎州都督府东起今贵州兴仁，西至云南嵩明，北起宜宾合什合江村，南达云南省个旧市，地跨川、滇、黔三省（图3-1）。玄宗天宝年间，中央在南诏作战失败后，部分羁縻州被南诏夺占。德宗贞元年间，剑南西川节度使韦皋又奏置驯、骋、浪三州。戎州都督府所管辖的羁縻州，大体分布在三个区域内，一是位于戎州以西的马湖江岸，二是位于戎州西南通往云南的道路沿线，三是位于戎州以南的南广河流域[2]。

---

1. 《宜宾市志》编辑委员会：《宜宾市志（送审稿一）》，2008年，第138页。
2. 李敬洵：《四川通史》卷三《两晋南北朝隋唐》，四川人民出版社，2010年，第148、151页。

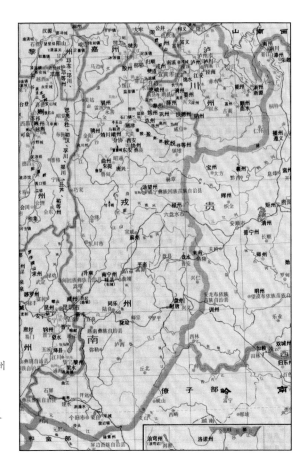

图 3-1 唐代的戎州
（开元二十九年，
741 年）
（采自《中国历史
地图集》第 5 册，
第 67、68 页）

　　唐时，戎州和南溪郡治所先后四次易地。唐武德元年至贞观六
年（618～632 年）戎州州治在南溪；唐贞观六年至长庆元年（632～
821 年），在三江口僰道城；唐长庆元年至会昌元年（821～841 年），
迁至南溪 21 年。武宗会昌二年（842 年），戎州治复迁回僰道县城；
会昌三年（843 年），马湖江（今金沙江）大水，荡圮僰道县城垣，
州、县治同迁至今岷江北岸旧州坝。

唐德宗时创筑"土城"，僰道城"负山濒江，地势险阻"，已形成"州城临江枕山"的态势。唐宪宗元和五年（810年），张九宗任戎州刺史，他在《韦南康赞》里记述，当时的僰道城已是"当舟车之冲，冠盖往来相望"之地。城区建筑有花台寺（今大南街东侧）、开元寺（今冠英街一带）、官衙、东楼、和宗真容阁等。城西天池（又名滇池、波凌池）已辟为游览之地；城北外天仓山（今青城山）已有"烽火墩台"（后讹为"偏窗子"），修筑有"戎州道"。

隋辟建的"石门道"至唐进一步完善，三江口僰道城仍是中央政权与西南各族，尤其是与南诏往还的咽喉要道。当时，僰道至南诏首府羊苴咩城（今云南大理）为1150千米，道路畅通无阻，民族往还交流不断，被称为"东路"。

唐天宝十年（751年），剑南西川节度使鲜于仲通、剑南留后李宓，先后两次从"南溪"（今宜宾，时为南溪郡治）发兵讨伐南诏王阁罗凤，均败。安史之乱时，唐玄宗逃蜀，一批官吏文士接踵来到四川。安史之乱后，唐王朝实力渐弱，南诏联吐蕃攻长安，僰道亦限于战乱中，并成为长期屯兵之地。唐贞元年间（785～805年），韦皋任剑南西川节度使与大理及川滇边沿各族结盟和好，西南边陲暂时安定，僰道成为信使往还要道。韦皋曾命行营判官、监察御史崔佐时随同唐王朝御史中丞袁滋经此沿石门道至大理，册封南诏，招抚马湖部及"狼蛮"。至此，各民族和睦交往，僰道城获阶段性安定[3]。

3.《宜宾市志》编辑委员会：《宜宾市志（送审稿一）》，第156页。

第二节

蜀酒浓无敌——唐代四川名酒

隋唐时期，四川境内长时期的相对安定使素来"水旱从人，不知饥馑"的天府之国得到了进一步发展，正如陈子昂《上蜀川军事》所言，"国家富有巴蜀，是天府之藏。自陇右及河西诸州，军国所资，邮驿所给，商旅莫不皆取于蜀。又京师府库，岁月珍贡，尚在其外，此诚蜀国之珍府"。安史之乱之后，国家经济重心南移，四川地区成为当时全国最发达的地区之一，有"扬一益二"之称。因为特殊的地理环境，四川地区在政治上也占有举足轻重的地位，安史之乱时，唐玄宗避难于蜀；黄巢起义时，唐僖宗逃至蜀地。唐代四川城市商业的繁荣超过了前代，"江山之秀，罗锦之丽，管弦歌舞之多，伎巧百工之富……扬不足以侔其半"。唐代有许多描写成都之繁荣景象的诗词，如"九天开出一成都，万户千门入画图。草树云山如锦绣，秦川得及此间无"（李白《上皇西巡南京歌》），"锦城丝管日纷纷，半入江风半入云。此曲只应天上有，人间能得几回闻"（杜甫《赠花卿》）和"喧然名都会，吹箫间笙簧"（杜甫《成都府》）等。蜀人自古以游乐相尚，既然处处都有丝竹管弦之乐，自然也少不了美酒助兴。安定富足的生活和繁荣的商业促进了酿酒业的发展，唐代四川的酿酒业出现了崭新的局面。

唐代的酒业在技术和规模上皆已有了很大发展。随着经济的繁荣，国家对酿酒实行开放政策，官、私酿酒业日益兴盛，甚至一些佛教寺院亦大量酿酒。官营酒业主要生产官府用酒。除各州县官府酿酒外，唐朝于光禄寺下置良酝署负责朝廷用酒的生产，内廷作坊生产宫中用酒；中唐以后又于宣徽院下设宣徽酒坊，负责朝廷及内廷作坊用酒的生产。私营酒业除自酿自用外，大部分用于市场销售，除边产边销的传统酒家外，亦出现了专门代销酒的酒垆，一些大城市中甚至还出现了大规模商品酒生产中心地。唐代宗时，中央在全国实行税酒政策，向酿酒户收取酒税。唐德宗推行榷酒政策，酿酒不受限制，榷酒钱成为百姓向国家必须缴纳的税钱之一。成都作为唐代名酒生产地，酒业生产兴旺。酒坊生产方面，成都作为唐代经济重心地区剑南道和成都府的治地，官营和私人酿酒作坊都有相当的规模[4]。

《岁华纪丽谱》引《旧记》记载，唐玄宗时著名道士叶法善曾"引帝至成都，市酒于富春坊"，说明孙光宪《北梦琐言》载"蜀之士子，莫不沽酒，慕相如涤器之风"当非虚言。西汉年间，司马相如与卓文君在临邛买一酒舍，卓文君当垆卖酒，司马相如穿着犊鼻裈，和工人一起"涤器于市中"。司马相如因辞赋华美而名噪天下，其作品为后世所推崇，蜀中士子因倾慕其"涤器之风"，纷纷效仿他开酒肆卖酒。《北梦琐言》记载："陈会郎中，家以当垆为业……元和元年及第，李相固言览报状，处分厢界，收下酒旆，阖其户，家人犹拒之，逡巡贺登第，乃圣善奖训之力也。"[5]不仅成都，四川其他地区也是酒楼林立。元和四年（809年），元稹以监察御史出使东川，作《使东川·好时节》，云"虚度东川好时节，酒楼元被蜀儿眠"，感慨东川一带酒楼饮酒之风盛行。由此可见，在唐代不只是"豪家沽酒长安陌，一旦起楼高百尺""落花踏尽游何处，笑入胡姬

---

4. 徐学书：《唐宋以来成都的酒文化》，《四川文物》2001年第6期。
5. 孙光宪：《北梦琐言》卷三，上海古籍出版社编《唐五代笔记小说大观》，上海古籍出版社，2000年，第1824页。

酒肆中"的长安酒肆盛行,蜀中也是酒家林立,正如唐代张籍《成都曲》所描述的"万里桥边多酒家,游人爱向谁家宿"。

这些酒肆、酒家之酒究竟是何滋味,唐人也屡有著述。如曾任嘉州刺史,居蜀中四年的著名边塞诗人岑参曾言:"成都春酒香,且用俸钱沽。"(《酬成少尹骆谷行见呈》)他的好友,久居成都的诗圣杜甫亦在《戏题寄上汉中王三首》中称赞"蜀酒浓无敌,江鱼美可求"。晚唐诗人李商隐要离开成都返回梓州,在饯别宴席上写下"美酒成都堪送老,当垆仍是卓文君"以表依依惜别之情。卓英英在《锦城春望》中也描写了"漫把诗情访奇景,艳花浓酒属闲人"的闲情逸致。方干的"游子去游多不归,春风酒味胜余时"(方干《蜀中》)更说明了蜀中春风和美酒的魅力。使游子乐而忘归的不仅有怡人的美景,还有醉人的酒香。这些诗句也道出了蜀酒香、浓、美的特点,且蜀中的春酒尤为人所称道。

唐代四川酿酒业发达,不同地区各有所长,形成了很多独具风味的特色美酒,著名的有以下几种:

(一)剑南之烧春

李肇《唐国史补》中提到唐代的名酒,他说:"酒则有郢州之富水,乌程之若下,荥阳之土窟春,富平之石冻春,剑南之烧春,河东之乾和蒲萄,岭南之灵溪、博罗,宜城之九酝,浔阳之湓水,京城之西市腔,虾蟆陵郎官清、阿婆清。又有三勒浆类酒,法出波斯。"[6]又云:"凡二百五条,皆开元、长庆间杂事"。这其中就提到了剑南之烧春。唐太宗贞观年间分全国为十道,剑南即剑南道。剑南道以在剑阁之南得名,辖境相当于今四川涪江流域以西,大渡河流域和雅砻江流域下游以东,云南澜沧江、哀牢山以东,曲江、南盘江以北,贵州

6. (唐)李肇:《唐国史补》卷下,上海古籍出版社编《唐五代笔记小说大观》,第197页。

水城、普安以西和甘肃文县一带。如此广阔的范围内，"烧春"产地在何处？唐诗中屡有歌咏"烧酒"的诗句，如李商隐《碧瓦》中的"歌从雍门学，酒是蜀城烧"，雍陶《到蜀后记途中经历》中的"自到成都烧酒熟，不思身更入长安"。直到五代前蜀时，牛峤在《女冠子》中道"锦江烟水，卓女烧春浓美"，可见剑南烧春的主要产地在成都。关于唐代的烧酒，学术界有两种观点，一种认为是蒸馏酒，另一种认为是浓度比较高的重酿酒。目前没有充足的证据证明唐代已有蒸馏酒，剑南烧春应该是用火烧酿法生产的、酒精含量比较高的重酿春酒[7]。

（二）汉州鹅黄酒

唐代诗人杜甫"从盐亭回梓州后，又往汉州，因房琯为汉州刺史，于是年春被召赴京，杜甫闻讯后，故往汉州会琯"[8]，杜甫来汉州会其布衣之交房琯的时间为763年。汉州即今四川广汉。可惜匆忙赶来的杜甫并未见到房琯，"到汉州时，琯已起程赴京，而新任王汉州已继任矣"[9]。杜甫在汉州又停留了一段时日，写下了《陪王汉州留杜绵州泛房公西湖》《得房公池鹅》《答杨梓州》《舟前小鹅儿》和《汉川王大录事宅作》等8首诗作，其中《舟前小鹅儿》提到了汉州的鹅黄酒，此诗是在汉州城西北角官池作。官池，即房公湖。"鹅儿黄似酒，对酒爱新鹅"，鹅黄的羽毛似酒的颜色。《方舆胜览》载："鹅黄乃汉州酒名，蜀中无能及者。卢照邻诗'鹅黄粉白车中出'，裴庆余诗'满额鹅黄金缕衣'皆言淡黄色也，杜诗则言酒色。"[10]白居易《江南喜逢萧九彻因话长安旧游戏赠五十韵》诗"炉烟凝麝气，酒色注鹅

---

7. 江玉祥：《唐代剑南道春酒史实考》，《四川大学学报（哲学社会科学版）》1999年第4期。

8. 四川省文史研究馆编：《杜甫年谱》，四川人民出版社，1958年，第76页。

9. 四川省文史研究馆编：《杜甫年谱》，第76页。

10. （唐）杜甫著，（清）仇兆鳌注：《杜诗详注》，中华书局，1979年，第1006页。

黄"，此处的"鹅黄"也指酒的颜色。直至宋代，鹅黄酒仍然是蜀中名酒，是汉州的一张名片。苏辙、陆游都曾作诗吟咏夸赞，此不赘述。

（三）郫筒酒

郫筒酒是一种用竹筒酿造的醅醲酒，产生于魏晋时期。清人仇兆鳌在《杜诗详注》中引《一统志》：相传山涛治郫，用筠管酿醅醲作酒，兼句方开，香闻百步，今其法不传[11]。至唐代，郫筒酒仍然是四川名酒。杜甫《绝句漫兴九首·其八》赞其"舍西柔桑叶可拈，江畔细麦复纤纤。人生几何春已夏，不放香醪如蜜甜。"《杜诗详注》引《杜臆》："香醪，指郫筒酒。"[12]杜甫很喜欢这种香甜宜人的酒。他在从阆中归成都途中作《将赴成都草堂途中有作先寄严郑公》，其中有"鱼知丙穴由来美，酒忆郫筒不用酤"一句，他在旅途中还在想念郫筒酒，可见其喜爱程度。晚唐李商隐在其《因书》诗中作"海石分棋子，郫筒当酒缸"。用竹筒当酒缸，盛满香甜的美酒，确实独具一格。

关于郫筒酒的来历和做法，仇兆鳌注云："《成都记》：成都府西五十里，因水标名曰郫县，以竹筒盛美酒，号为郫筒。《华阳风俗录》：郫县有郫筒池，池旁有大竹，郫人刳其节，倾春酿于筒，苞以藕丝，蔽以蕉叶，信宿香达于林外，然后断之以献，俗号郫筒酒。"[13]郫人将竹节掏空，留一面作底，把春酿倒入竹筒，用藕丝和蕉叶包好，两三天便酒香四溢，香甜的郫筒酒就新鲜出炉了。从"倾春酿于筒"一句可知，郫筒酒是一种重酿的春酒。宋代郫筒酒仍富盛名，此不赘述。

（四）蜀州青城山乳酒

蜀州，今四川省崇州市。青城山乳酒是道家酿制的一种酒。杜

---

11. （唐）杜甫著，（清）仇兆鳌注：《杜诗详注》，第1106页。

12. （唐）杜甫著，（清）仇兆鳌注：《杜诗详注》，第791、792页。

13. （唐）杜甫著，（清）仇兆鳌注：《杜诗详注》，第1106页。

甫在《谢严中丞送青城山道士乳酒一瓶》中云："山瓶乳酒下青云，气味浓香幸见分。鸣鞭走送怜渔父，洗盏开尝对马军。"《杜诗详注》云："杨慎曰：《孝经纬》：酒者，乳也。张率《对酒》诗：如花良可贵，似乳更堪珍。此诗乳酒本之。"[14]青城乳酒如花似乳，气味浓香。《全唐诗》中还载有青城丈人《送太乙真君酒》："峨嵋仙府静沈沈，玉液金华莫厌斟。凡客欲知真一洞，剑门西北五云深。"青城丈人所赠酒"玉液金华"，饮之以保寿延年，与严武送给杜甫的乳酒当属一类。浦起龙《读杜心解》注"乳酒定是酒名，必色白而醲，但酿法莫考"。现四川都江堰市青城山所酿"洞天乳酒"号称青城四绝之一，可能是唐时青城山乳酒的延续与创新[15]。

（五）射洪春酒

唐代梓州射洪县也产酒。杜甫《野望》云："射洪春酒寒仍绿，目极伤神谁为携？"古代一般的米酒，天气转暖，酒色自然变绿。射洪春酒在寒天仍呈绿色，应是一种专门酿造的绿酒。日本篠田统撰《中国中世的酒》一文谈到绿酒，称："绿酒又名缥醪。缥是浅蓝色、天蓝色，也就是淡青色。绿酒的颜色，与其说是浓绿色，还不如说是带青的malachite gree（孔雀石绿），或者说是染房里所谓的'青竹'色，因此酒的颜色又常被喻为竹叶。"射洪春酒是一种浓度不高的薄酒。唐代射洪籍诗人陈子昂《赠别冀侍御崔司议序》所谓"蜀国酒醨，无以娱客"，应是指他家乡产的一种浓度不高的酒[16]。

（六）云安麹米春

云安，唐代属夔州，今四川云阳县。夔州历来是名酒之乡，战国、秦汉时期的巴人清酒、魏晋南北朝时的"巴乡酒"都产于此地。

14.（唐）杜甫著，（清）仇兆鳌注：《杜诗详注》，第 896 页。
15. 卢华语、潘林：《唐代西南地区酒业初探》，《中国社会经济史研究》2008 年第 1 期。
16. 江玉祥：《唐代剑南道春酒史实考》，《四川大学学报（哲学社会科学版）》1999 年第 4 期。

唐代酿酒之风依然盛行，生产的春酒质量尤佳。刘禹锡于夔州刺史任上所作《竹枝词九首·其五》中的"两岸山花似雪开，家家春酒满银杯"便是对当时酿酒和饮酒之风的写照。杜甫寓居夔州近两年，留下大量诗作，其中写酒的有"客居愧迁次，春酒渐多添""数杯巫峡酒，百丈内江船"等等，足见当地酒文化的盛行。早在忠州时，杜甫就经对云安麴米春向往不已，其《拨闷》诗云："闻道云安麴米春，才倾一盏即醺人。乘舟取醉非难事，下峡消愁定几巡。长年三老遥怜汝，𢴓杕开头捷有神。已办青钱防雇直，当令美味入吾唇。"[17]和其他蜀酒相似，麴米春的味道想必也是既香且浓。南宋时期，云安仍然酒风盛行。范成大《夔州竹枝歌九首·其一》云："云安酒浓麴米贱，家家扶得醉人回。"可见，浓，依然是其特点。

除了以上名酒外，戎州还有重碧酒，下节详述。值得一提的是，剑南的春酒在唐代曾被列为贡酒。《新唐书》卷四二《地理志六·剑南》载："成都府蜀郡，赤。至德二载曰南京，为府，上元元年罢京。土贡：锦、单丝罗、高杼布、麻、蔗糖、梅煎、生春酒。"《新唐书》卷七《德宗本纪》载："大历十四年闰五月癸未，罢梨园乐工三百人，剑南供生春酒。"《旧唐书》卷一二《德宗本纪上》载，德宗即位后第二个月就连发诏书，要求停罢诸州府岁贡。其中，癸未诏曰："停梨园使及伶官之冗食者三百人，留者皆隶太常。剑南岁贡春酒十斛，罢之。"也就是说，在此之前，剑南每年都要向皇帝进贡十斛春酒。唐代的大斛相当于今 60 升，小斛相当于今 20 升。按此折算，唐德宗以前，剑南道每年要进贡 200 至 600 升春酒[18]。能被选为贡酒，剑南春酒必是十分的醉人，浓、香、美俱全。

17.（唐）杜甫著，（清）仇兆鳌注：《杜诗详注》，第 1223 页。
18. 江玉祥：《唐代剑南道春酒史实考》，《四川大学学报(哲学社会科学版)》1999 年第 4 期。

第三节

重碧拈春酒——杜甫与戎州重碧酒

　　永泰元年（765 年），杜甫"五十四岁，正月三日，辞幕府，归浣花溪"，此时的杜甫因家国大事仍然郁郁寡欢。"四月，严武卒。"在成都的依靠去世后，杜甫已无法寄身，于"五月，携家离草堂南下""经嘉州"（今四川乐山），"六月，至戎州"[19]。杜甫在戎州受到了杨使君的热情招待。杨使君，其名不可考。宴请的地点选在东楼，朱鹤龄《杜工部诗集》卷十三引《全蜀总志》说东楼"在叙州府治东北，唐建"。由于杨使君这次著名的宴会，此楼又称"杨使楼"。唐会昌三年（843 年），马湖江大水，三江口僰道城被毁，东楼可能于此时被毁，原址在今宜宾市东楼街东楼小学对面街尽头的滨江高处。

　　杜甫为感激杨使君的盛情，挥笔写下了《宴戎州杨使君东楼》，诗云："胜绝惊身老，情忘发兴奇。座从歌妓密，乐任主人为。重碧拈春酒，轻红擘荔枝。楼高欲愁思，横笛未休吹。"宜宾地处岷江汇入长江处，西连大峨，南通云南，北接四川腹地，自古为川南形胜之地。诗人以衰老之身，登楼凭高，望着戎州的江山胜景，惊忘自身之老。宴会上，"座从歌妓密，乐任主人为"，杨使君招来歌妓助兴，席间既有觥筹交错之兴，又有丝竹管弦之乐，娓娓动听之歌声，欢声笑语，宾主尽欢。"重碧拈春酒，轻红擘荔枝"，品尝着碧绿的春酒，掰开壳如红缯，膜如紫绡的荔枝，尽情享受着

---

19. 闻一多：《少陵先生年谱会笺》，转引自高辅平《杜甫"戎州诗"小议》，《四
　　川师范大学学报（社会科学版）》1990 年第 5 期。

这片刻的欢愉。突然笔锋一转，"楼高欲愁思，横笛未休吹"，在东楼之上，极目远眺，望着茫茫江面，想起自身年过半百，无依无靠，前路漫漫，不由乐极生悲，愁上心头，耳边飘过如泣如诉、如怨如慕的悲凉笛声，又增添了几分哀愁，杜甫此时可谓百感交集。

唐代宜宾地处偏僻，关于酒的记载寥寥无几，正是杜甫的这次偶然经过，再加上杨使君的热情宴请，才留下了弥足珍贵的酒文化资料，给宜宾酒史添上了浓墨重彩的一笔。

"重碧拈春酒，轻红擘荔枝。"仇兆鳌注"重碧，酒色。轻红，荔色。"[20]此句点明宴会上所饮之酒为碧色，和射洪春酒颜色类似。唐代名酒很多都以"春"命名，如上文提到的荥阳之土窟春、富平之石冻春、剑南之烧春、云安曲米春以及射洪春酒等。"春酒"一词，唐诗屡见，如张籍"拨醅百瓮春酒香"、顾况"谁家无春酒，何处无春鸟"、刘禹锡"家家春酒满银杯"、白居易"数杯春酒共谁倾"、李商隐"隔座送钩春酒暖，分曹射覆蜡灯红"等等。

唐代的春酒指春天酿造的酒。古代用原始酿法酿酒，天气冷暖至关重要，天暖酿造的酒容易变酸。春天气温低，最适宜酿酒，这个季节酿出来的酒一般都是好酒，有"才倾一盏即醺人"之美味，因此常常被诗人所吟咏。古代的酒叫醴，也就是醪糟、甜酒，滤过的甜酒为"清酒"。郭知达编《九家集注杜诗》注"重碧拈春酒，轻红擘荔枝"句："食荔枝而饮春酒，盖煮酒也。"重碧色春酒与魏晋时代的"缥清"为同类清酒，但"重碧"比之"缥清"，不仅颜色深，而且厚薄也有差异。《吕氏春秋·尽数》载："凡食无彊厚，味无以烈味重酒。"高诱注："重，厚也。"[21]用"重"修饰酒，还有浓厚的意思。上节谈到的蜀酒多浓，戎州的重碧色春酒即比魏晋名酒"缥清"

---

20. （唐）杜甫著，（清）仇兆鳌注：《杜诗详注》，第 1221 页。
21. （战国）吕不韦著，陈奇猷校释：《吕氏春秋新校释》，第 139、144 页。

味道更加浓烈[22]。

　　杨使君宴请杜甫所饮本是戎州的一种重碧色的春酒，杜诗一经传唱，此酒即更名"重碧酒"，并成为宜宾的官酒。《杜臆》引《艺苑洞酌》云："叙州官酝，名重碧。"[23]《宴戎州杨使君东楼》一诗对后世影响深远，不仅让戎州春酒的酒名改成了"重碧"，也让后世文人对此产生了浓厚的兴趣。北宋黄庭坚于元符元年（1098年）五月蒙恩授涪州别驾，戎州安置。黄庭坚在戎州约三年，对戎州的重碧酒和荔枝印象深刻，他在《廖致平送绿荔枝为戎州第一　王公权荔枝绿酒亦为戎州第一》中写道："王公权家荔枝绿，廖致平家绿荔枝。试倾一杯重碧色，快剥千颗轻红肌。拨醅蒲萄未足数，堆盘马乳不同时。谁能同此胜绝味，唯有老杜东楼诗。"[24]此诗颔联"试倾一杯重碧色，快剥千颗轻红肌"即化用杜甫"重碧拈春酒，轻红擘荔枝"一句，"胜绝"亦是杜诗中原词，可见其受"老杜东楼诗"影响之深。南宋范成大在叙州登锁江亭有诗云："东楼锁江两重客，笔墨当代俱诗鸣。我来但醉春碧酒，星桥脉脉向三更。"他是在借此怀念杜甫和黄庭坚两位先贤。他又在自注中称"郡酝旧名重碧，取杜子美东楼诗'重碧酤春酒'之句，余更其名春碧，语意便胜"[25]，认为称春酒更妥。明代王嗣奭在《杜臆》中写道："忆余宰闽之永福，榕城主人寄赠荔枝家酿，因答以诗云'题书欲下还停笔，重碧轻红诵杜诗'。"由此可见杜诗流传之广，影响之大。宜宾"三江未涨亦叹形胜之绝，荔枝已红可吟杜叟之诗"。杜甫戎州一行，不仅让重碧酒远近闻名，戎州荔枝也因之身价

22. 江玉祥：《重碧倾春酒　轻红擘荔枝——宜宾酒史札记》，《中华文化论坛》2009年第4期。

23. （唐）杜甫著，（清）仇兆鳌整注：《杜诗详注》，第1221页。

24. （宋）黄庭坚撰，（宋）任渊等注：《黄庭坚诗集注·山谷诗集注》卷一三，中华书局，2003年。

25. （宋）范成大：《范石湖集》卷一九，上海古籍出版社，1981年。

图 3-2 宜宾市博物院藏
唐代蓝釉瓷执壶
（采自《酒都藏宝——宜
宾馆藏文物集萃》，第
148 页）

倍增，正如宋代王十朋《诗史堂荔枝歌》载："泸戎一经少陵擘，至今传诵轻红句。"[26]

杜甫半生漂泊，穷困潦倒，但无论生活如何窘迫，有两样东西总会给他带来无穷乐趣，那就是"诗"和"酒"。他入蜀之后，在四川度过了难得的安定时光，写下了很多关于四川美酒的诗句，上文提到的汉州鹅黄酒、"不放香醪如蜜甜"的郫筒酒、"气味浓香"的青城山乳酒、"寒仍绿"的射洪春酒、"才倾一盏即醺人"的云安麹米春、"重碧"的戎州春酒等都见于他的诗词中，他用亲身经历发出了"蜀酒浓无敌"的赞叹。除了美酒之外，杜甫很多时候都过着"盘飧市远无兼味，樽酒家贫只旧醅"的日子，但不管是美酒还是"旧醅"，诗和酒都与他相伴终身。杜甫的诗是"诗史"，不仅记录了安史之乱前后唐朝的社会现实，还为宜宾乃至整个四川酒史留下了珍贵的资料，让后世得以了解那湮没在历史尘埃中的美酒佳酿，可以尽情畅想那留在字里行间的浓浓酒香。

宜宾市博物院馆藏一件唐代蓝釉执壶，敞口、束颈、高执手，短流，直腹，足部不施釉。口径9.6、高18.4厘米（图3-2）[27]。唐代执壶的流多为多棱形短流，流口低于壶口。千年之前，也许正是这样的蓝釉执壶里满盛着重碧酒，在戎州的东楼之上，注入杜甫的酒杯之中，让他在酒香中品味人生的欢乐和愁思，留下千古佳句。

26. 高辅平：《杜甫"戎州诗"小议》，《四川师范大学学报（社会科学版）》1990年第 5 期。
27. 宜宾市博物院编著：《酒都藏宝——宜宾馆藏文物集萃》，第 148 页。

第四章　宋代宜宾酒文化

第一节
宋代宜宾酿酒业

　　宋代饮酒之风极盛，酒的酿制技术日益成熟，名酒频出。四川是全国最主要的酒业生产基地，两宋王朝在四川设立众多酒务官，管理私酒业产销，征收酒税，四川的酒课税收成为国家财政的一项重要收入。

　　宋代酒为国家专卖品，产销皆由国家控制。国家实行榷酤政策，设置酒务管理酒业产销和课税。政府通过对酒曲的专卖，严格控制酿酒，征收酒课。酒的产销分为官酿官卖和民酿民卖两种。《宋史·食货志》记载："宋榷酤之法，诸州城内皆置务酿酒，县、镇、乡、闾或许民酿而定其岁课，若有遗利，所在多请官酤。"[1]各州城之内及酒利较多的县、镇、乡、闾皆置酒务，由官府经营酿酒和卖酒。各酒务由官府供给粮食，雇佣酒匠或派厢兵充当酿酒工役，每年定额向中央和地方上缴酒课。若酒利收入超过酒课，按照超额量给予主管官员一定奖励。民间酒户经官府特许，规定每年交纳酒课额度，可承包开坊置铺，向官府购买酒曲酿酒、卖酒[2]。

　　南宋建炎三年（1129 年），赵开对专卖酒法实行改革。当时四川为支付关外屯驻大军防御金兵的军费，财政枯竭。张浚以宣抚处置使出使川陕，委任赵开为宣抚处置使司随军转运使，总领四川财

1. 《宋史》卷一八五《食货志下七》，中华书局，1985 年，第 4513 页。
2. 徐学书：《唐宋以来成都的酒文化》，《四川文物》2001 年第 6 期。

赋[3]。赵开向张浚建议："蜀之民力尽矣，锱铢不可以有加矣。独榷货稍存赢余，而贪猾认为己私，共相隐匿，根穴固深，未易剔除，惟不恤怨詈，断而改行，庶几救一时之急，舍是无策矣。"[4]张浚听取了赵开的建议，"建炎三年，总领四川财赋赵开遂大变酒法，自成都始"[5]。张从成都开始推行"隔槽酿酒"法，次年又在川峡四路推行此法。赵开将原由官府和酒户垄断的酿酒业，扩大为无论任何人只要交纳税钱就可以经营酿酒，以此刺激酿酒业的发展，增加酒课收入。官府于酿酒坊设置分隔酒槽，提供酒曲和酿酒工具，派官员管理酿酒生产并征收酒课，民户只需入米纳钱便可酿酒。酒槽实行分隔，以防止不同民户酿酒时发生混淆。此种办法简便易行，既省去了官府筹措米粮、雇佣酒匠、酿酒卖酒、招人承包酒坊和征收酒课等种种事务，又方便了民间酿酒，大大促进了四川酿酒业的发展[6]。

宋代，包括叙州在内的梓州、夔州等一些经济相对落后、人口较少的地区，"汉夷杂居，瘴乡炎峤，疾疢易乘，非酒不可以御烟岚雾，而民贫俗犷，其势不能使之沽于官"。所以，朝廷在这些烟瘴之地实行较为宽松的榷曲制度，"许民间自造服药酒"[7]。"榷曲，顾名思义是对曲的专卖，它不同于榷酒由官府完全控制酒的生产和流通过程——是直接专卖或称完全专卖，而是采取较为放任的形式，允许购买官府曲院所造的曲的酒户自由酿造。"[8]这些地方允许当地百姓自行造酒服药最直接的原因就是此地汉夷杂居、瘴气众多，此法有利于缓和

3. 贾大泉：《宋代四川的酒政》，《社会科学研究》1983年第4期。
4. 《宋史》卷三七四《赵开传》，第11598页。
5. 《宋史》卷一八五《食货志下七》，第4520页。
6. 徐学书：《唐宋以来成都的酒文化》，《四川文物》2001年第6期。
7. 刘琳等校点：《宋会要辑稿·食货二一之七》，上海古籍出版社，2014年，第6449页。
8. 李华瑞：《宋代榷曲、特许酒户和万户酒制度简论》，《河北大学学报》1990年第3期。

与少数民族之间的关系。宋代百姓已经有了自制药酒这一习俗。黄庭坚在戎州停留期间"晨举一杯",应该就是为防范戎州当地瘴气而饮用药酒。宋朝政府在这一地区实施比较自由的酒业政策,也是对西南少数民族羁縻政策的措施之一。崇宁年间,潼川路的刑狱被阆中人蒲卤提举,道:"有议榷酤于泸、叙间,云岁可得钱二十万。卤言:'先朝念此地夷汉杂居,故弛其榷禁,以惠安边人。今之所行,未见其利。'乃止。"[9]《方舆胜览》中《图经》称四川泸叙"极边之地酒茗弛禁,是以人乐其生"[10]。这些都是当时叙州当地酒禁宽松的表现。榷曲制度在叙州的推行,无疑给宋代叙州酿酒业营造了一个相对宽松的政治环境,加速了当地酿酒业的发展。

宋代叙州酿酒业发展较快,还有一个重要原因就是其特殊的地理位置。该地因位于军事震慑泸叙地区少数民族的前线地区,故长期驻扎大量军队。"北宋平蜀后,命蜀部诸州各置克宁兵500人。"[11]克宁军"以州大小高下为序,始自某州为第一指挥。差次至某州,凡为若干指挥。每指挥毋过五百人"[12]。两宋期间,因朝廷屡次在泸州、叙州一带镇压当地少数民族叛乱,驻军人数最多时达到数万人。战争期间军队的驻扎,加上军队所需的大部分物资都要从外地调入,使得大量劳动力涌向这一地区,人们对叙州酒的需求量迅速加大。为了安抚叙州、泸州一带的少数民族,中央在当地设置了"夷义军"。元丰时,泸、叙二州"夷义军之籍至二万六百三人"[13],"均由本

9. 《宋史》卷三五三《蒲卤传》,第11154页。
10. (宋)祝穆撰,(宋)祝洙增订,施合全点校:《方舆胜览》卷六五《长宁军》,中华书局,2003年,第1139页。
11. (宋)李焘:《续资治通鉴长编》卷六"乾德三年九月壬申"条,中华书局,1979年,第157页。
12. 《宋史》卷一八九《兵三》,第4656页。
13. (宋)李心传:《建炎以来朝野杂记》乙集卷一七,中华书局,2000年,第816页。

部首领充当义军长官，得世袭，岁给盐绢，冬夏犒设"[14]。酒必然也是犒赏这些"夷义军"首领和将士的重要物品之一[15]。

《宋会要》记载了熙宁十年前叙州的酒课收入："戎州旧在城及僰道、南溪县三务，岁五百一十二贯。熙宁十年，无定额。"[16]据学者凌受勋推算，熙宁年间戎州年酿酒量约为522500斗，年耗糯米约37500石。《宋史·地理志》记载当时戎州仅有16448户36668人，但酒的产量却十分惊人。酒课的数额相对当时四川最为发达的成都府来说较悬殊，一方面是由于经济水平和政治地位的差异，另一方面则是由于叙州实行的宽松的榷曲和万户酒制度不同于成都府实行的榷酤制度。榷酤制度是一种管理非常严格的国家专卖制度，这样的制度比起叙州地区宽松的榷曲和万户酒制度来说，酒课收入会更高。因此，不能仅以酒课收入作为衡量叙州酒产量和交易量的标尺。[17]黄庭坚在戎州的时候曾感叹"街头酒贱民声乐"，这足以说明当地酿酒之兴盛。

叙州特殊的地理位置，两宋政府宽松的羁縻政策以及榷曲和万户酒制度，军队的大量驻扎等因素都促进了宋代叙州酿酒业的发展，使得叙州酒业兴盛，名酒频出。尤其是大文豪黄庭坚的到来给宜宾酒文化留下了重要的记录和遗迹，很多都延续至今。

---

14. （宋）王象之：《舆地纪胜》卷一六六《潼川府路·长宁军》，中华书局，1992年，第4475页。
15. 李治：《宋代叙州研究》，硕士学位论文，四川师范大学，2015年，第34页。
16. 刘琳等校点：《宋会要辑稿·食货一九之一八》，第6413页。
17. 李治：《宋代叙州研究》，第33页。

第二节

满城欢酒待旌旗——宋代四川名酒

    宋代社会经济进一步发展，以成都为中心的四川地区依旧十分繁荣，经过五代时期前后蜀的过渡，宋代蜀人游乐宴饮之风益盛，酒文化呈现出许多新的面貌。庄绰《鸡肋编》卷上载宋代成都太守与民春游浣花溪时，"以大舰载公库酒，应游人之家计口给酒，人支一升，至暮遵陆而归"。成都太守动用官府用酒与民同乐，按照人数一人一升酒，说明当时官府的酒储备量很大。另田况《成都遨乐诗·四月十九日泛（汎）浣花溪》中的"霞景渐曛归櫂促，满城欢酒待旌旗"一句也说明宋代酒业之兴盛。《鸡肋编》又载："成都自上元至四月十八日，游赏几无虚辰。使宅后囿名西园，春时纵人行乐。初开园日，酒坊两户各求优人之善者，较艺于府会。以骰子置于合子中撼之，视数多者得先，谓之'撼雷'。自旦至暮，惟杂戏一色。坐于阅武场，环庭皆府官宅看棚。棚外始作高橕，庶民男左女右，立于其上如山。每诨一笑，须筵中哄堂，众庶皆嗺者，始以青红小旗各插于垫上为记。至晚，较旗多者为胜。若上下不同笑者，不以为数也。"宋代成都从上到下，纵人行乐。这条文献提到的"酒坊两户"应该是私营酒坊主，由他们出资请艺人表演杂戏，并举行比赛供大家观看取乐，表演时间几乎持续整个春天，说明当时私营酒坊主有一定财力，也侧面说明宋代民间酒业的繁荣。南宋诗人陆游在四川创作的诗歌中有多篇记载宴饮之事，如《初冬夜宴》《芳华楼夜宴》《重九会饮万景楼》等，可见宋代四川饮酒风气之盛。

宋代官私酿酒业的繁荣也使得宋代四川名酒频出，一些唐代的名酒还在继续生产。上文提到的郫筒酒，在宋代仍富盛名。如苏轼的《次韵周邠寄〈雁荡山图〉二首·其一》称颂郫筒酒："西湖三载与君同，马入尘埃鹤入笼。东海独来看出日，石桥先去踏长虹。遥知别后添华发，时向樽前说病翁。所恨蜀山君未见，他年携手醉郫筒。"他以此向友人介绍故乡西蜀的大好风光和醉人美酒，可见郫筒酒深为苏东坡所喜爱，在他心中可作为故乡美酒的代表。南宋范成大在《吴船录》中记载了当时郫筒的制作方法，"郫筒，截大竹长二尺以下，留一节为底，刻其外为花纹，上有盖，以铁为梁，或朱或黑，或不漆，大率挈酒竹筒耳"。宋代的郫筒酒和唐代不同，已经不是在竹林中制作了，竹筒只是用作包装，竹筒外漆红色、黑色或者保持原状，但是其酒味甘甜醇美依旧。陆游也留下了不少咏叹郫筒酒的诗作，如《到严十五晦朔，郡酿不佳，求于都下，既不时至，欲借书读之，而寓公多秘不肯出，无以度日，殊悯悯也》云："桐君故隐两经秋，小院孤灯夜夜愁。名酒过於求赵璧，异书浑似借荆州。溪山胜处身难到，风月佳时事不休。安得连车载郫酿，金鞭重作浣花游？"陆游求酒不遇，借书不出，心情十分苦闷，因此希望可以用车装着郫筒酒，手执金鞭在浣花溪旁游乐。此外，"酒来郫县香初压，花送彭州露尚滋"（陆游《南窗睡起二首·其一》）、"青钱三百幸可办，且判烂醉酤郫筒"（陆游《春感》）等，也都是陆游对郫筒酒的咏叹。"未死旧游如可继，典衣犹拟醉郫筒"（陆游《思蜀》），陆游离开四川后时常思念郫筒酒，如果还可以入蜀游玩，即使典卖衣服也要去买郫筒酒大醉一场，他对郫筒酒的喜爱可见一斑。郫筒酒经久不衰，清袁枚在《随园食单》中介绍了当时的十种名酒，其中就有四川郫筒酒。他说："今海内动行绍兴，然沧酒之清，浔酒之冽，川酒之鲜，岂在绍兴下哉！"郫筒酒"清冽彻底，饮之如梨汁、蔗浆，不知其为酒也。"清代郫筒酒味道如梨汁、蔗浆，说明其味道仍是以甘甜为主。《成都竹枝词》中的"郫筒高烟郫筒酒，保宁酽醋保宁绸"之句和清代唐孙华《送王诵侯之官成都》中的"或言锦城天下乐，郫筒美酒丙穴鱼"，也都说明郫筒酒在清代仍为世人称道。

汉州的鹅黄酒为蜀中名酒，至宋代仍富盛名。北宋苏辙《送周思道朝议归守汉州三绝•其二、其三》云："梓汉东西甲乙州，同时父子两诸侯。它年我作西归计，兄弟还能得此不。酒压郫筒忆旧酤，花传丘老出新图。此行真胜成都尹，直为房公百顷湖。""汉州官酒，蜀中推第一。赵昌画花，摹效丘文播，亦西川所无也。"北宋的鹅黄酒为汉州官酒，苏辙认为它的香甜甘美比郫筒酒还更胜一筹。南宋陆游歌咏汉州鹅黄酒的诗句很多，如"鹅黄酒边绿荔枝，摩诃池上纳凉时"（陆游《感旧绝句》）。他认为，"鹅黄，广汉酒名。荔枝出叙州"。陆游怀念他在蜀中的惬意生活，提到了汉州鹅黄酒和叙州荔枝两种名产，还有成都的游玩胜地摩诃池。又《城上》诗："鹅黄名酝何由得，且醉杯中琥珀红。"自注："荣州酒赤而劲甚。鹅黄，广汉酒名。"又《晚春感事》诗："酿成西蜀鹅雏酒，煮就东坡玉糁羹。"自注"鹅雏酒"曰："鹅黄，广汉酒名。"范浚也曾称赞过鹅黄酒，他在《张生夜载酒相过》诗中云："玉椀（碗）鹅儿酒，花瓷虎子盐。"姜夔《洞仙歌•黄木香赠辛稼轩》中亦有提及："鹅儿真似酒，我爱幽芳，还比酴醾又娇绝。"由此可知，鹅黄酒又名"鹅雏酒"，俗称"鹅儿酒"。陆游觉得鹅黄酒是四川最好的酒，他在《游汉州西湖》中写道："叹息风流今未泯，两川名酝避鹅黄。"这种鹅黄色的酴醾酒在唐宋时期受到人们的普遍喜欢。如今，我们也只能从这些记载中去体味房湖新鹅和杯中鹅黄酒的酒味诗情了。

陆游和李白、杜甫一样，皆是好诗好酒之人。他写过一首《蜀酒

歌》："汉州鹅黄鸾凤雏，不鸷不搏德有余；眉州玻璃天马驹，出门
已无万里途。病夫少年梦清都，曾赐虚皇碧琳腴，文德殿门晨奏书，
归局黄封罗百壶。十年流落狂不除，遍走人间寻酒垆，青丝玉瓶到
处酤，鹅黄玻璃一滴无。安得豪士致连车，倒瓶不用杯与盂，琵琶
如雷聒坐隅，不愁渴死老相如。"诗中不仅盛赞了汉州鹅黄酒，还引
出了另一种四川名酒——眉州玻璃春。"青丝玉瓶到处酤，鹅黄玻
璃一滴无"，能引得陆游如此怀念，看来眉州的玻璃春也是一种能
和汉州鹅黄酒相媲美的美酒了。陆游曾在乐山凌云寺附近饮得眉州
名酒玻璃春，作有《凌云醉归作》，云："玻璃春满琉璃锺，宦情苦
薄酒兴浓。饮如长鲸渴赴海，诗成放笔千觞空。十年看尽人间事，
更觉麴生偏有味。君不见蒲萄一斗换得西凉州，不如将军告身供一
醉。"有了美酒相伴，陆游感觉做官都淡薄无味，仕宦之路虽苦，官
场人情虽薄，但酒兴浓足矣。为了一醉，他连名利都不在乎了。从
酒名上看，眉州的玻璃春应是一种过滤得较清的酒。

　　现在绵竹有名酒剑南春，宋代又有什么酒可值得称道呢？这可
从苏东坡的《蜜酒歌》里寻找蛛丝马迹。《蜜酒歌》诗叙云："西蜀道
人杨世昌善作名酒，绝醇酽，余既得其方，作此歌以贻之。"杨世昌
是绵竹武都山的道士，擅长酿酒，他酿出的酒味道十分浓厚，苏东
坡向他学会了蜜酒的酿造方法，并作《蜜酒歌》赠之。《蜜酒歌》云：
"真珠为浆玉为醴，六月田夫汗流泚。不如春瓮自生香，蜂为耕耘花
作米。一日小沸鱼吐沫，二日眩转清光活。三日开瓮香满城，快泻
银瓶不须拨。百钱一斗浓无声，甘露微浊醍醐清。君不见南园采花
蜂似雨，天教酿酒醉先生。先生年来穷到骨，问人乞米何曾得？世
间万事真悠悠，蜜蜂大胜监河侯。"并题诗："巧夺天工术已新，酿
成玉液长精神。迎宾莫道无佳物，蜜酒三杯一醉君。"这里所说的
"蜜酒"是用蜂蜜酿造的酒，酿造时间不长，只三日可成，而且价值

不菲，百钱一斗。可见，北宋时期绵竹就可以酿造比较成熟的蜂蜜酒了。

　　除了上述被文人吟咏的名酒外，宋代张能臣在《酒名记》中对当时川渝地区的名酒做了总结："成都府忠臣堂，又玉髓，又锦江春，又浣花堂。梓州（今四川三台县）琼波。又竹叶清，剑州（治今四川剑阁县）东溪，汉州（治今四川广汉市）帘泉。合州（治今重庆合川区）金波，又长春。渠州（治今四川渠县）葡萄，果州（治今四川南充市）香桂，又银液。阆州（治今四川阆中市）仙醇……夔州法醿，又法酝（治今重庆奉节县）。"成都的"忠臣堂""浣花堂"当是以酒家之名作为酒名，应该是卖酒之地。卖酒之地作为酒名，说明该酒家很可能是自产自销。水井坊遗址出土清代青花瓷片上刻有"锦江春"字样，说明"锦江春"直到清代仍在生产。汉州除了鹅黄酒远近闻名外，还有帘泉酒。这些名酒产地遍布全川，反映出宋代四川酿酒业的全面繁荣。

第三节

安乐春泉荔枝绿——黄庭坚与宜宾名酒

黄庭坚（1045～1105年），字鲁直，号山谷道人。哲宗时，预修《神宗实录》，迁著作郎，升起居舍人。绍圣初，章蔡（章惇、蔡卞）用事，知鄂州，山谷以前史官得罪，贬涪州别驾黔州安置，后因表兄张相官夔州路，为避嫌，移戎州安置。黄庭坚于元符元年（1098年）抵达戎州，先寓居南寺，自名其居所为"枯木寮""死灰庵"，后僦居城南，名"任远堂"，可见其心境凄凉，心如死灰。后来，他看到戎州山川秀丽，民风淳朴，美酒醉人，心胸逐渐开阔，开始积极主动地履行他的职责。他效仿王羲之曲水流觞的兰亭集会，在城北修建流杯池，与当地人郊游，并诲人不倦，以扶植人才为己任。在他的培养下，戎州人文蔚起，迭代更兴。"一州以涪翁重诗书礼义之泽，渐渍至今。"[18]黄庭坚虽然有过短暂的消沉，但很快就振作起来，以其渊博的知识教育当地学子，并创作了大量诗词，为宜宾的文化勃兴做出了重要贡献，影响深远。他所创作的关于酒的诗词是宋代宜宾酿酒史上的珍贵资料，记录下了酒名、酒色、酒味以及酒的功能等大量重要信息。

在宋代，重碧酒仍是宜宾名酒，并且是官府用酒。费衮《梁溪漫志》卷七《二州酒名》载："叙州，本戎州也。老杜戎州诗云'重碧倾春酒，轻红擘荔枝。'今叙州公酝，遂名以'重碧'。"上章提

---

18. 蔡叔华：《诗中有酒醉魂香——历代名诗人与宜宾名酒》，《宜宾师专学报》1992年第3期。

到，南宋范成大也知道重碧酒的命名和来源，但他觉得"更其名春碧，语意便胜"。黄庭坚显然也知道这种酒，他还写过"试倾一杯重碧色，快剥千颗轻红肌"的诗句，明显是化用了杜甫的两句诗，但原诗题为《廖致平送绿荔枝为戎州第一 王公权荔枝绿酒亦为戎州第一》，是描写荔枝绿酒的。"王公权家荔枝绿，廖致平家绿荔枝。试倾一杯重碧色，快剥千颗轻红肌。拨醅蒲萄未足数，堆盘马乳不同时。谁能同此胜绝味，唯有老杜东楼诗。"开头两句点明所吟咏称颂的对象，荔枝绿酒和绿荔枝；颔联化用杜甫《宴戎州杨使君东楼》的两句，虽然世殊事异，但相同的是都能品尝到名酒和珍果，亦可谓生平快事；颈联称葡萄美酒比荔枝绿酒要逊色，马乳葡萄也不如绿荔枝美味；尾联点名只有杜甫在东楼参加宴会所饮之酒，所尝之荔枝，所赋之诗才与自己此时的体会相同。廖致平为嘉祐二年（1057年）进士，戎州世家之子。黄庭坚到戎州后曾与他交游，于"元符三年七月涪翁自戎州溯流上青衣，廿四日宿廖致平牛口庄，养正置酒弄芳阁，荷衣未尽，莲实可登，投壶弈棋，烧烛夜归"[19]。牛口庄位于定夸山下，在今宜宾市牛口坝，为廖致平之别业。黄庭坚曾经逆流而上去牛口庄做客，廖致平以美酒招待，他们投壶弈棋，秉烛夜饮，尽兴而归。

黄庭坚对荔枝绿酒十分喜爱，还专门写了《荔枝绿颂》："王墙东之美酒，得妙于六物。三危露以为味，荔枝绿以为色。哀白头而投裔，每倾家以继酌。忘螭魅之蹴触，见醉乡之城郭。扬大夫之拓落，陶徵君之寂寞。惜此士之殊时，常生尘于尊勺。"此颂大意是说王、墙东所酿的荔枝绿酒，使用的是上等粮食和优质曲蘖，辅以甘洌清泉酿成。据《礼记·月令》载，六物指的是"秫

---

19. 黄庭坚:《牛口庄题名卷》,《黄庭坚墨迹大观》,上海人民美术出版社,1990年,第47页。

稻必齐，麹蘖必时，湛炽必洁，水泉必香，陶器必良，火齐必得"，兼用六物才能酿成美酒。宜宾自然条件优越，又有优质的泉水和精湛的酿酒工艺，所以才酿成色碧如绿荔，味甘如仙露的美酒。可怜自己白头衰老之身谪居边陲，满腔愁绪，只好倾家买酒，借酒消愁。饮完荔枝绿酒后，果然忘记忧愁，安乐欢快。可惜与自己遭遇相似的汉代扬雄，潜居江西的陶渊明，没法亲自品尝到荔枝绿这样的美酒，只好让盛酒的尊和舀酒的勺都生满尘埃了。

除了荔枝绿酒外，黄庭坚的诗词中还出现了安乐泉（姚子雪曲）、玉醴、清醇、春泉和松醪等酒名。黄庭坚专门写了一篇《安乐泉颂》赞美安乐泉酒的醇美，叙云："锁江安乐泉，水味为僰道第一，姚君玉取以酿酒，甚清而可口，又饮之令人安乐，故予兼二义名之曰安乐泉，并为作颂。"诗云："姚子雪麹（曲），杯色争玉。得汤郁郁，白云生谷。清而不薄，厚而不浊；甘而不哕，辛而不螫。老夫手风，须此晨药。眼花作颂，颠倒淡墨。"安乐泉是宜宾岷江北岸锁江石附近的温泉（现已毁），水质极佳，黄庭坚赞为"僰道第一"。泉上热气蒸腾，如白云生谷。泉水中含有多种矿物质，故以之酿酒，可治疗风湿病。姚子雪曲不仅有益身体健康，而且清澈可口，味道"清而不薄，厚而不浊；甘而不哕、辛而不螫"，黄庭坚饮后十分安乐，喜爱之余，不仅把酒名"姚子雪麹（曲）"改成"安乐泉"，还亲自为之作颂。《安乐泉颂》中对此酒的评价与当今五粮液"各味谐调，恰到好处"的特点不谋而合。

黄庭坚还为廖宣叔作了《玉醴颂》："北郭子，竹林居。酝玉醴，拨浮蛆。味橘露，色鹅雏。春盎盎，想可斟。鱼枕蕉，正阙渠。来问字，傥借书。扫三径，待双鱼。"居住之地在城北竹林里，酿成的酒叫作"玉醴"，味道像橘露一样甘甜可口，颜色像鹅雏一样，酒色应和汉州鹅黄酒相同，春意盎然，想必可以小酌一番了。

黄庭坚在文坛名气甚大，他交游广阔，又十分爱酒，还曾为李才叟作了《清醇酒颂》："清如秋江寒月，风休波静而无云。醇如春江永日，游丝落花之困人。借之以涪翁清闲，鉴此杯面渌。本之以李叟孝友，成此瓮中春。"他以此称赞清醇酒清澈如皓皓秋月洒满寒江，风波初定，江面一片平静之时，味道醇美如太阳照耀的春江。黄庭坚十分清闲，有幸品尝这清醇美酒，绝佳春酿。看来涪翁真是口福不浅，虽为贬谪，但他看到了一片新的广阔天地，品尝了人间佳酿，也不枉此行，不虚此生了。

元符二年（1099年），黄庭坚所作《戏答史应之三首·其一》提到了"松醪"酒："先生早擅屠龙学，袖有新硎不试刀。岁晚亦无鸡可割，庖蛙煎鳝荐松醪。"松醪，又名松醪春，是用松肪或松花酿制的酒，唐、宋诗文常见。如，唐刘禹锡《送王师鲁协律赴湖南使幕》诗："橘树沙洲暗，松醪酒肆香。"李商隐《复至裴明府所居》："赊取松醪一斗酒，与君相伴洒烦襟。"又裴铏《传奇·郑德璘》："德璘好酒，长挈松醪春，过江夏，遇叟，无不饮之。"[20]

还有一首词比较特殊，黄庭坚在词中一口气提到了四种酒名。"陶陶兀兀，人生无累何由得。杯中三万六千日。闷损旁观，自我解落魄。扶头不起还颓玉，日高春睡平生足。谁门可款新篘熟？安乐春泉，玉醴荔枝绿（原注：亲贤宅四酒名）。"（黄庭坚《醉落魄·其二》）其中安乐、玉醴和荔枝绿上文都已经提到，还有一种春泉，推测应该是一种春天用泉水酿成的酒。

除了提到酒名之外，黄庭坚还写了不少饮酒的诗词，只在锁江亭上的就有《次韵李任道晚饮锁江亭》《再次韵兼简履中、南玉三

20. 江玉祥：《重碧倾春酒 轻红擘荔枝——宜宾酒史札记》，《中华文化论坛》2009年第4期。

首·其三》等。其中《次韵李任道晚饮锁江亭》云："西来雪浪如炰
烹，两涯一苇乃可横。忽思锺陵江十里，白蘋风起縠纹生。酒杯未
觉浮蚁滑，茶鼎已作苍蝇鸣。归时共须落日尽，亦嫌持盖仆屡更。"
黄庭坚与友人在锁江亭饮酒品茶，直至日头西落，在仆人的连番催
促下才肯散去。《再次韵兼简履中、南玉三首·其三》中的"锁江亭
上一樽酒，山自白云江自横"一句则写出了诗人饮酒后超然物外的
境界。其他饮酒诗还有《再次韵兼简履中、南玉三首·其二》"与世
浮忱（沉）惟酒可，随时忧乐以诗鸣。江头一醉岂易得，事如浮云
多变更"等等。

从黄庭坚的诗词中也能管窥宜宾的酒业现状，《再次韵兼简履
中、南玉三首·其一》载"锁江主人能致酒，愿渠久住莫终更"，说
明宋代宜宾有私人酿酒业。上文
提到的廖致平的荔枝绿酒、姚君
玉的安乐泉酒、廖宣叔的玉醴以
及李才叟的清醇酒，都十分美
味，说明当时士大夫家里也酿
酒。《醉落魄·其二》中提到的
"安乐、春泉、玉醴、荔枝绿"都
是姚君玉一家所酿，但酒品各不
相同，可见当时酿酒工艺之精
湛。另一首《醉落魄》提到"陶
陶兀兀，人生梦里槐安国。教公
休醉公但莫，盏倒垂莲，一笑
是赢得。街头酒贱民声乐，寻常
行处寻欢适。醉看檐雨森银竹。
我欲忧民，渠有二千石。"其中，

图 4-1 宜宾市长宁县梅白乡出土宋代
陶执壶
（采自《酒都藏宝——宜宾馆藏文物
集萃》，第 149 页）

图 4-2 宜宾市长宁县梅白乡出土宋代瓜棱形白瓷执壶
（采自《酒都藏宝——宜宾馆藏文物集萃》，第 150 页）

"街头酒贱民声乐，寻常行处寻欢适"说明当时宜宾酒业兴盛，不仅有酒坊，还有酒店，而且饮酒之风盛行，平民也可以随时饮酒作乐。长宁县梅白乡（今梅白镇）出土了两件执壶，应该是当时所用的注酒器。其中一件是敞口陶执壶，流与壶口平，腹部上半部至口部施釉。底径 7、高 18 厘米（图 4-1）。另一件是瓜棱形白釉瓷执壶，敞口，长颈，高执手，长流，腹为瓜棱形，圈足，足部不施釉。底径 7、高 19.3 厘米（图 4-2）[21]。这是宋代执壶常见的样式，有的还与注碗配套。

---

21. 宜宾市博物院编著：《酒都藏宝——宜宾馆藏文物集萃》，第 148～150 页。

第四节

曲水流觞—— 流杯池

流杯池是黄庭坚在宜宾留下的重要酒文化遗迹。元末，流杯池一带因动乱荒废，明景泰年间逐渐恢复，清嘉庆《宜宾县志》把流杯池列为宜宾八景之一。清光绪年间再度修建，增设两座二柱式石坊，基本形成了今日流杯池的格局。新中国成立后，流杯池及周边区域被辟为流杯池公园[22]。流杯池附近还有大量的石刻题记，时间跨度长，内容丰富。"流杯池及石刻题记"现为全国重点文物保护单位。

曲水流觞源于三月三日上巳节的"祓禊"习俗，因为魏晋时期"群贤毕至、少长咸集""引以为流觞曲水、列坐其次"的兰亭集会而广为流传，逐渐成为文人墨客畅叙幽情的雅事。黄庭坚谪居戎州之后，"自号为涪翁，放浪山水间，初不知有迁谪困穷之意"[23]。宜宾"治北隔江一里，巨石中劈"，宜宾市北1千米天柱山下有一巨石中劈裂，形成一道东西走向的天然峡谷，即涪翁谷，高约15、长52、宽7米。黄庭坚于其中"甃池九曲"，作为曲水流觞之所。他常常邀请友人弟子在池边流杯饮酒，赋诗唱和，"为流觞之乐"（图4-3）[24]。

---

22. 陈丹秀等：《宜宾宋代流杯池遗存研究》，《中国园林》2017年第8期。
23. （宋）祝穆撰，（宋）祝洙增订，施和金点校：《方舆胜览》卷六五《叙州》，第1131页。
24. （清）刘元熙修，（清）李世芳等纂：《（嘉庆）宜宾县志》卷六《山川》，四川省地方志编纂委员会辑《四川历代方志集成》第3辑第22册，国家图书馆出版社，2016年，第546页。

图4-3 流杯池图
（采自《（嘉庆）宜宾县志》）

涪翁谷大致呈东西走向，两端高，中间低。流杯池位于涪翁谷底东段，东、西谷口与谷底高度差分别约3.79米和3.83米，均设20级入谷石阶，石阶中部平台处各设有一座二柱式清代石坊作为谷门。涪翁谷的两面谷壁整体陡峭嶙峋，南壁中部有石名曰"落星石"，"圆石嵌壁，半隐半露，其状欲坠"。流杯池由砂岩石剜凿而成，大致呈东西走向，流呈"九曲"，石矶凸出，形成九曲九矶的形态，北侧为"五曲四矶"，南侧为"四曲五矶"，石矶后置石凳。"九曲池"有6个大曲（池两侧各有3），3个小曲，凹凸呼应；7个大石矶，2个小石矶，呈交错之势，溪水从中穿过。池两侧分别布有4个石凳，石凳高约0.3米，可对池而坐，为"流觞之乐"。流杯池总长约为5.33、宽约0.4米，最宽处约0.5、最窄处约0.28、池深约0.45米。水流从东北面的石崖中流入，经过流杯池，缓缓流入谷南面的石崖底部（图4-4~6）。《宜宾县志》中收录的多篇诗词对此景都有生动描述，如"中分危石夹清泉，暗水浮花自此旋""曲池分石脉，断壁锁寒烟""双壁突孤根，泉分九曲轮"等[25]。

　　黄庭坚的到来及大量与酒相关的诗词的创作将宜宾酒文化推向了高峰，其文学盛名也吸引着后代文人凭吊观览，在流杯池附近的崖壁上留下大量的石刻题记。正如明正德年间监察御史卢雍《游涪翁洞记》中所言："岩颠笔体自纵横。"由于后期石刻掩盖早期石刻、兼之其他人

图4-4　宜宾流杯池及其石刻题记全景

25. 陈丹秀等：《宜宾宋代流杯池遗存研究》，《中国园林》2017年第8期。

图 4-5 宜宾流杯池"流觞曲水"题记

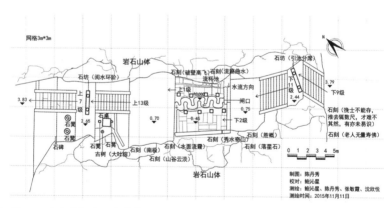

图 4-6 宜宾流杯池所在涪翁谷平面测绘图
（采自《中国园林》2017 年第 8 期）

为破坏以及风化等自然侵蚀，流杯池的石刻题记已有残损，字迹难辨，现存基本完整的石刻题记约有98幅。尚存的"南极老人无量寿佛"八字，每字见方1.4米，古朴苍劲，甚为壮观。据《宜宾县志》记载，此为"山谷真迹"，为当年庭坚流杯池饮酒时书。谷口东南岩壁上，有以"涪翁"命名题刻的"涪翁洞""涪翁壑""涪翁岩"，字体雄健刚劲。这些石刻题记包含宋以后各代的楷、行篆、隶、草各体书法，内容大多是描述流杯池奇丽俊秀的风光和抒发对黄庭坚的敬慕之情[26]，蔚为大观。

流杯池摩崖石刻内容丰富，大致可分为游记类、诗词类及题字类，是研究宜宾流杯池历史演变及文化传承的重要材料。例如，"宋淳熙己酉年"（1129年）的石刻有"访涪翁旧题""置酒亭上"的记载，还有一方宋淳祐甲辰年（1244年）的石刻"翱觞飞饮"，足可说明宋代宜宾流杯池曲水流觞活动已盛行。元代泰定丙寅年间有"游涪溪"石刻。现存明代的大量游宴诗石刻见证了当时宜宾流杯池流杯文化的繁盛，如"流水既无尽，杯来安可辞""座据浮滨石，觞流瀑布溪"等。清代的石刻中仍有流杯活动时创作的诗词和游记，如"至今赏玩游人过，犹慕苏黄旧日音"等，显然流杯池仍为重要的文人雅集胜地。历代纪年题刻见下表（表4-1）。

表4-1　宜宾流杯池纪年摩崖石刻表[27]

朝代	纪年	类型	内容	备注
宋	元符元年至元符三年（1098~1100年）	题字类	南极老人无量寿佛	《宜宾县志》称其为黄庭坚真迹

---

26. 崔陈：《宜宾流杯池》，《四川文物》1988年第5期。
27. 陈丹秀等：《宜宾宋代流杯池遗存研究》，《中国园林》2017年第8期。有改动。

朝代	纪年	类型	内容	备注
宋	淳熙己酉 （1189年）	游记类	眉山李季章 李允 上谷侯有年 来访涪翁旧题 成都范季海 赵章父置酒亭上黄冠师 王寿嵩与焉	
	绍熙辛亥 （1191年）	游记类	古栝卢国华易节东去 维舟锁江 同三隅陈逢孺来游 男子文子人子及侄孙渭外侄孙陈浚侍	
	庆元丙辰 （1196年）	游记类	陈子长自淮南溯到古戎冯之拉过涪岩爱其奇绝相与裴徊不忍去前数日蛮商以醉致过运之以 倅摄行太守事既随宜为处及是同於岩颜观平安 □以归	
	庆元改元 （1201年）	游记类	立壑之胜得名固鲜锦厓天下稀殆非过诉是间溪山□涪翁重不至其处者率不满岁大比眉山史 全季野昌元李辰信之潼川吴绍庭德升实来衡文甫竟事郡别驾晋原阆伯敦子功拉之俱游日暝忘归皆日蔚然深秀使逢六一居士得无赏识老杜雅赋戎州惜不见此也	
	嘉定甲戌 （1214年）	游记类	嘉定甲戌季冬之四日郡假守眉山杨瑾容父拉新江油史君二江宋深之源眉山程子益以谦来游 翌日各有所赋深之既去瑾为大书之	
	嘉定辛巳 （1221年）	诗词类	挽士不能寸推去辄数尺才难不其然有亦未易识	黄庭坚《赠少仪》，黄申为摹刻
	绍定己丑 （1229年）	游记类	眉山范子郑潘允恭家炖翁入奉宸对叙舟江锁来访涪翁遗迹郡幕杨敏修以乡闾之旧饮饯于此 日旰乃还苏次用杨颐范忠孙同游	

续表 4-1

朝代	纪年	类型	内容	备注
宋	淳祐甲辰 （1244 年）	游记类	淳祐甲辰仲春五日郡太守古岷因德实光 甫仝前郡守凤集忠直失邻郡从事珠江 黄宵子嗣基宣 化簿摄纠广汉马温如伯玉护戎垅千张忠 显□理掾临邛柱萧荻和摄宜宾益昌刘子 成彦锅寄屯同 谷何荣仁甫法曹凤集贲契南翔征曹齐泸 车久中季常前摄南溪唐安玉撰晋象宣化 尉掾泸南先子 □□父前司征汉源董哲明甫□□古岷 张廷凤德辉寓洁溪□□□程翔艖飞饮叙 南廖开泰□□□绍熙 杨光子与叔理舟入□□艖话□□□送扶 摇□□□□□	
元	泰定丙寅 （1326 年）	游记类	监叙南等处宣抚司菊遂失太中公余同副 宣抚司□笃腊拉属郡守蓝睿幕宾蒲天顺 朱世华郭志游 洁溪目前贤题名密布石壁吁后世所景 仰者乃当时不遇之人也宜宾薄尉筠思 诚从寓磐李揆识	
明	正德庚辰 （1520 年）	刘允中	胜概	
	嘉靖甲辰 （1544 年）	诗词类	洞自巨灵辟名因太史传曲流分石脉断 壁锁寒烟山水见真性行藏卜晚年我车 三入蜀低首愧江边方塘潘鉴	潘鉴《游 洁翁洞》
	嘉靖癸丑 （1553 年）	诗词类	联辔来幽境高凤企昔贤雄文惊百代佳迹 重南川借景亭非远流觞水自旋抚时伤往 事惆怅夕阳边	涂渝书《癸 丑春同人 游流杯池》
	嘉靖乙卯 （1555 年）	诗词类	使君有佳兴 邀我流杯池 流水既无尽 杯来安可辞 青天峰顶落 白日坐间移 何处风流传 惟称东晋时	姜子羔《乙 卯夏日吴峰 老先生饮曲 池一首》

续表 4-1

朝代	纪年	类型	内容	备注
明	嘉靖甲子 （1564年）	诗词类	乾坤留胜迹 我辈此攀跻 座据浮滨石 流瀑布溪曳林蝉响急振羽鹤飞齐何处岷峨是烟霄望欲迷	涪翁亭 同吉水高鳌石秦中刘昆明花眺用韵
	皇明戊戌	题字类	流觞曲水	王尚用题
清	嘉庆七年 （1802年）	诗词类	山不高兮水不深盘桓两壁动沉吟至今赏玩游人过犹慕苏黄旧日音锁江亭畔古烟霞石洞杯池老岁华君问桃源何处是请从流水觅仙楼	
	同治甲子 （1864年）	游记类	同治三年春栖清山人王侃来游亭廓存泉石无恙遍览手迹别有心期欲作名山之藏莫必后人之 遇感喟扶二仆过涪溪访吊黄楼故址扁舟而去时年四百二十甲子	

在流杯池周围，还保存有不少与黄庭坚有关的古迹。南宋《舆地纪胜》记载流杯池"秋夏间水集，迅驶漱石，声振如雷，水反壑则溪石离列可爱，水泫然流其间。公游而乐之，命之曰涪翁溪。其后溪、山、洞、谷、泉、岭、庵、祠、亭、堂之属，悉以涪翁名"[28]。涪翁即指黄庭坚，当时流杯池一带的景点多以涪翁命名。后人为纪念黄庭坚，又在附近增建了"涪翁楼""山谷祠""涪翁亭"以及"吊黄楼"等建筑。

位于池谷口东端的涪翁楼，建于明清。涪翁楼分2层，下廊上阁，登楼可俯瞰流杯池全貌。据《宜宾县志》记载，黄庭坚到戎州

28.（宋）王象之：《舆地纪胜》卷一六三《潼川府路·叙州》，第4405页。

后，由于名气大，学问深，许多青年纷纷慕名求学。黄庭坚也乐于相授，不辞辛苦，"讲学不倦，凡经指授，下笔皆可观"，使当地的青年进步巨大，受益匪浅。如任渊受业黄庭坚后，"尝以文艺类式有司为四川第一"。可以说，黄庭坚为宜宾的教育做出了重大贡献。为了纪念这位教书育人的大文豪，人们便在流杯池附近修建了"涪翁楼"。修葺后的"涪翁楼"，飞檐流阁，古貌犹存，为流杯池公园一胜景。

在流杯池南山岩顶上，有一巨石，黄庭坚时常登临于上，眺望浩浩烟波，一览江山胜状。黄庭坚离开戎州后，人们在此修建了"涪翁亭"。涪翁亭清幽雅致，为历代文人墨客凭高览胜、吟诗作赋之地。如明嘉靖叙州知府傅应诏的《题涪翁亭》："乾坤留胜迹，我辈此攀跻。座据（踞）浮滨石，觞流瀑布溪。曳林蝉响急，振羽鹤飞齐。何处岷峨是？烟霄望欲迷。"此诗首先赞扬了鬼斧神工的涪翁府和巧夺天工的流杯池是自然与人文结合的胜迹，人们在这里尽情享受着流觞之乐。茂密的树林中蝉声阵阵，眺望江面，鹤振翅齐飞，烟波迷茫，分不清岷江和大峨山位于何处。

流杯池公园内还有山谷祠，为南宋叙州人为纪念黄庭坚所建[29]，迭经修葺，长达七八百年之久，其重修后的部分建筑至今犹存。祠堂是我国古代祭祀祖先的圣地，山谷祠是戎州人感恩山谷的场所。每逢大祭，地方官率本地贤达毕至于此，"岁使叙民奉豚酒"祭祀，表达戎州人追远怀本之心。山谷祠又是正俗教化、文人际会的场所。届祭祀礼毕，人们会聚宴饮，表达享受山谷恩泽之忱。可以说，山谷祠也是宜宾酒文化的又一遗迹[30]。

29. （清）刘元熙修，（清）李世芳等纂：《（嘉庆）宜宾县志》，四川省地方志编纂委员会辑《四川历代方志集成》第3辑第22册，第663页。
30. 凌受勋：《黄庭坚与宜宾酒文化》，《中华文化论坛》2005年第4期。

流杯池西北 500 米的岷江岸边，一巨大岩石突兀至江中，与南岸真武山麓相峙而立，宛如两只铁钳扼锁大江，上面曾经建有"锁江亭"。黄庭坚常与友人、弟子在亭中把盏品酒，谈诗论道，有"锁江亭上一樽酒，山自白云江自横""山绕楼台钟鼓晚，江触石砧站杵鸣""酒杯未觉浮蚁滑，茶鼎已作苍蝇鸣"等佳句传世。南宋范成大等到戎州后，都吟咏过锁江亭，如范成大《七夕至叙州登锁江亭 山谷谪居时屡登此亭》："水口故城丘垄平，新亭乃有缅铁横。归艎击汰若飞渡，一雨彻明秋涨生。东楼锁江两重客，笔墨当代俱诗鸣。我来但醉春碧酒，星桥脉脉向三更。"诗人七夕之夜、秋雨之后登上锁江亭，望着归艎击汰，思接千载，想起了杜甫赴宴东楼和黄庭坚锁江饮酒，畅叙思古之幽情跃然其间。现亭虽毁，巨石上石刻楷书"锁江"两大字仍在，见方达 1.5 米，古朴雄厚，旁"山谷"款识仍清晰可见[31]。

黄庭坚的到来虽然对他个人来讲是贬谪至此，然于宜宾酒文化史而言却是一件幸事，他不仅创作了大量关于宜宾酒的诗词，还留下了流杯池等一系列流传至今的景观。流杯池的建造为后世文人提供了雅集的场所，并因为他们的吟咏题刻，使得流杯池一带成为宜宾的文化圣地，其文化象征意义是不言而喻的。流杯池石刻题记内容丰富，书法艺术、雕刻技巧都有重要的价值，又因这里林深木秀，风光旖旎，故成为至今不衰的游览胜地。

宋代的戎州，民风尚未完全教化。据《马湖府志》载："相引百十为群，击铜鼓歌舞饮酒，穷昼夜以为乐。"大文豪黄庭坚引入流杯池这一中原地区的古典礼仪空间，将"曲水流觞"这项充满诗酒意趣的文化活动带入宜宾，在一定程度上影响了戎州的饮酒风尚，

---

31. 崔陈：《宜宾流杯池》，《四川文物》1988 年第 5 期。

使其由颠饮狂歌逐渐向浅斟低唱的雅、礼、诗方向转变[32]。黄庭坚对于戎州的教化影响巨大，直至明代尤有"州以涪翁重诗礼之泽，渐渍至今"[33]的赞誉。流杯池之胜景因酒而产生，而黄庭坚的大量诗词和他的个人影响使其名扬天下。曲水流觞中诗酒文化的融合，激发了宜宾佳酿持续发展的生命活力，促进了宜宾酒文化的不断繁荣。

32. 凌受勋：《黄庭坚与宜宾酒文化》，《中华文化论坛》2005 年第 4 期。

33. （明）李贤等：《大明一统志》，三秦出版社，1990 年。

第五章

明代宜宾酿酒业

第一节
明代四川酿酒作坊

　　明代社会环境相对稳定，经济持续发展，为中国白酒技术的快速发展提供了良好的基础，明代是中国蒸馏酒技术定型及发展的关键时期。明代以前的宜宾酒史研究，主要依据的资料是出土的酒器，画像石上与酒文化相关的图像，古文献中有关酒政、酒名以及酿酒工艺等的记载，并未发现有酿酒作坊遗址，故无法直观地了解酿酒的工具、方法以及过程等。明代以后，四川境内的一些酿酒作坊保存较好甚至使用至今，几处酿酒作坊遗址也陆续被发现或发掘。宜宾作为四川的重要酒产地，也保留了几处酿酒作坊，并发掘了喜捷镇糟坊头明代白酒作坊遗址、试掘了五粮液"长发升""利川永"及北正街古窖池，为我们正确认识古代酿酒工艺提供了重要且直观的资料，对研究宜宾酿酒史有极其重要的作用。

一 成都水井街酒坊遗址

　　水井街酒坊遗址位于成都锦江区水井街，原为四川成都全兴酒厂的曲酒生产车间，1998 年 8 月改建厂房时被发现，后改建工作被立即叫停，并上报省市文化（文物）主管部门。1999 年 3 ~ 4 月，经国家文物局批准，成都文物考古研究所和四川省文物考古研究院联合在此开展考古发掘工作。此次考古发现面积约 1700 平方米，发掘面积 280 平方米，发掘和揭露出晾堂 3 处，酒窖 8 口，灶坑 5 座，灰坑 4 个，灰沟 1 条，还有圆形酿酒设备基座、路面（散水）、条石墙基、木桩、柱础及厂房建筑等遗迹，其中与酿酒密切相关的遗迹包括晾堂、酒窖、灶坑以及圆形酿酒设备基座等（图 5-1）。遗址发掘和采集的遗物主要是瓷器和陶器，并有石器、铁器、兽骨、竹签以及酒糟等。出土可复原的陶瓷器逾百件，主要为餐饮器皿和其他日用器具。可辨器形有碗、盘、钵、盆、杯、碟、勺、罐、缸、壶等，其中以碗、杯等餐饮器具中的酒具最为丰富（图 5-2）。少数青花瓷器内底或外底还有题款，包括"永乐年制""永乐年造""成化年制""大明年造""同治年制"等年号内容（其中"永乐""成化"等年号款的青花瓷器多系后代民窑的伪托款制品），"锦（江）春""天号陈""玉堂片造"等名号内容，"永保长寿""福""富

图 5-1 成都水井街酒坊遗址
（采自《水井街酒坊遗址发掘报告》，彩版九）

图 5-2 成都水井街酒坊遗址出土景德镇窑青花瓷碗
（采自《水井街酒坊遗址发掘报告》，彩版二七）

贵佳器""玉堂佳器"等吉语内容[1]。

水井街酒坊遗址发掘揭露了丰富的相互配套的蒸馏酒酿造设施，展示了传统白酒从制曲、酿酒、续糟、配料到贮存、勾兑等完整工艺流程，并出土了大批酒具以及与酿酒相关的文物，是目前所见年代较早、形成规模化、批量化生产的古代白酒酿造工艺的实物依据。这说明至迟到明代，中国已有非常成熟的蒸馏酿酒技术，为认识中国传统蒸馏酒酿造工艺流程和技术水平的演变提供了宝贵的实物资料。以传统蒸馏酒酿制工艺为核心，遗址和其沿用了百年的古窖群，既是酿酒微生物的载体和宝库，也是研究酿酒微生物以及酿酒工艺变革难得的素材，是固体生物工程代表，具有重大的科学价值。根据遗址出土的众多酒具、食器等，以及揭露的墙基、木柱、路基（散水）等遗迹，我们基本可推断，遗址为"前店后坊"的布局形式，这对探讨明清时期成都城市手工业分布区域、平面格局以及演变特征和规模，

1. 成都文物考古研究所等编著：《水井街酒坊遗址发掘报告》，文物出版社，2013年，第4、5、15、33、34页。

认识当时城市工商业与社会发展状况等都有非常重要的研究价值。

水井街酒坊遗址历经明清，期间基本延续不断，并发展至今，揭露出的丰富的晾堂、酒窖、炉灶和路面等遗迹以及出土的众多瓷器、陶器等遗物多为各式酒具，或为与酿酒相关的器物，堪称中国浓香型白酒酿造工艺的一部无字史书，为研究中国蒸馏酒酿造工艺的发展历程提供了重要的资料。水井街酒坊遗址是首个荣获"全国十大考古新发现"（1999 年）的中国传统工业遗产类遗址，2001 年被国务院公布为第五批"全国重点文物保护单位"。2005 年 6 月，水井街酒坊遗址被国家文物局、中国食品工业协会命名为首批"中国食品文化遗产"，并首先与四川省泸州市泸州大曲老窖池群、四川省绵竹市剑南春天益老号酒坊遗址等酒坊遗址（总称"中国白酒酿造古遗址"）共同列入"中国世界文化遗产预备名单"[2]。

二　泸州老窖作坊群

泸州老窖池，遍布泸州旧城区的各街道。其中，南街分布在中营沟、下营沟、三星街、肖巷子等地；北街分布在皂角巷、桂花街等地；小市分布在新街子、过江楼、什字头等地；还有分布在兰田的横街子和罗汉场等地 …… 共有槽坊 36 家。其中，温永盛（舒聚源）、天成生、爱仁堂、春和荣、义泰和和福寿同等老牌作坊最为有名。泸州全市保存完好、使用百年以上的老窖池共有 1619 口，其中明代窖池 4 口，保存在温永盛槽房。

温永盛槽房位于泸州市江阳区中营沟 21 号，即泸州老窖酒厂一车间一组，共有百年以上窖池 57 口，其中明代窖池 4 口，清代窖

2. 成都文物考古研究所等编著：《水井街酒坊遗址发掘报告》，第 107、108 页。

池 53 口，占地总面积 1960 平方米。窖池皆为长方形，横纵向排列不等。明代窖池 4 口，位于槽房西南角，纵向排列。4 口窖池皆为鸳鸯窖，即每口窖池内有两个池坑，中间以池分开。明代一号窖池长 6.8、宽 4.2、池坑高 2.2 米，二号窖池长 6.9、宽 3.4、池坑高 2.25 米，三号窖池长 6.6、宽 3、池坑高 2.33 米，四号窖池长 7.6、宽 3.9、池坑高 2.45 米。清代窖池 53 口，位于槽房东南角和西北角，横、纵向排列不等。这 53 口窖池建于清咸丰、同治年间，形状皆为长方形，长度在 6.8 至 8 米间不等，宽度一般为 3.5 米左右[3]。

这些窖池自建窖开始一直使用至今，位置未变。明代窖池的窖泥使用泸州城外五渡溪的优质黄泥，用营沟的龙泉井水掺和、踩揉而成。30 年以上窖龄的酒窖，窖泥一片乌黑，泥质重新变软，脆度进一步增强，并出现红、绿等颜色，开始产生一种浓郁的香味，初步形成"老窖"。随着窖龄不断增加，泥质越来越好。百年以上窖池中的窖泥，总酸、总脂含量以及腐殖质与微生物种类都超过新窖。明代窖池中微生物种类多达几百种，他们形成一个庞大的微生物群落，生存于窖泥之中。在有益微生物中，嫌气孢杆菌是老窖窖泥中的优生微生物群体，它们主要生长于窖壁和窖底的黑色泥层中。正是这些嫌气菌，体现了老窖泥独特的微生物学特征，影响着粮糟的发酵和出酒的质量。窖池内，年复一年的粮糟发酵、以酒养窖以及以窖培酒，形成了"泸型酒"的独有风味，素有"泸州酒好，好在窖老"之美誉[4]。

泸州老窖池保存状况较好，操作方法和酿酒工艺代代传承，至今仍采用传统工艺酿酒，以粮糟拌曲在该窖池发酵烤出的酒，酒质

---

3. 冯仁杰、谢荔：《泸州大曲老窖池考》，《四川文物》1993 年第 1 期。
4. 冯仁杰、谢荔：《泸州大曲老窖池考》，《四川文物》1993 年第 1 期。

极好。该地是中国浓香型大曲酒的发源地之一，具有很高的科学价值和历史价值。始建于明代万历年间的古窖池群于 1996 年 12 月入选"全国重点文物保护单位"。2013 年，"泸州老窖窖池群及酿酒作坊"入选第七批"全国重点文物保护单位"。至此，泸州老窖自明清时期沿用至今的 1619 口老窖池、16 处酿酒作坊以及三大天然藏酒洞（纯阳洞、龙泉洞和醉翁洞）均成为"全国重点文物保护单位"。而传承了 600 余年的"泸州老窖酒传统酿制技艺"也于 2006 年被国务院公布为"首批国家级非物质文化遗产"。

三 射洪泰安作坊遗址

泰安作坊遗址位于沱牌集团酿酒生态工业园区内，地处射洪县沱牌镇，作坊内一些老窖池和晾堂至今仍在使用（图 5-3）。2007

图 5-3 泰安作坊遗址仍在使用的老窖池、晾堂
（采自《射洪泰安作坊遗址》，彩版一○）

年，为配合沱牌集团公司泰安老作坊老车间的改扩建工程，经国家
文物局批准，四川省文物考古研究院联合射洪县文物管理所在此开
展了考古发掘工作。遗址面积约2000平方米，发掘面积500平方米。
专家认定该遗址主要堆积为明清时期，并延续至近现代。发掘清理
出的遗迹单位有房屋建筑基址、灰坑、晾堂、酿酒窖池、接酒池和水
井等。其中和酿酒直接相关的有晾堂3处、窖池6口以及接酒池1口。
出土酒具极多，有各式酒壶、酒杯、罐、缸等。生活用品有碗、盘、
杯（图5-4）、碟、灯盏、盆以及砖、瓦、瓦当、石质工具和石井圈等。
出土的明清以来的大量瓷片，几乎全为青花瓷，既有江西景德镇窑
系的青花瓷器碎片，还有大量地方窑烧制的土青花瓷器碎片。纹饰
主要有山水纹、草叶纹、松竹梅纹、人物纹、锦地纹、鱼藻纹和缠枝
花卉纹等[5]。

　　泰安作坊遗址6个酒窖池间的地层叠压或打破关系清晰可辨，
再现了酿酒窖池的早晚时序，展示出泰安作坊酿酒业自明、清以来
的发展历史。从遗址中发现的各类酿造工具，以及酿酒窖池（内含
窖泥和糟子）、晾堂、接酒池以及水井等遗迹，基本可以复原和展现
出明清以来泰安作坊开挖窖池坑，筑抹、锤实窖壁、窖泥，捣碎、磨
制曲药，用曲水拌料，入窖泥封，固态发酵，蒸馏，以器承取滴露，
勾兑品尝以及封缸陈酿的酿酒工艺流程和生产的历史场景。从中国
传统酿酒工艺的角度来看，泰安作坊生产浓香型曲酒的生产工艺流
程和技术规范已成系统。泰安作坊遗址出土了丰富的陶瓷器物，还
发掘出两件直径2.8厘米、杯池极浅、杯底较厚的"品酒杯"。这说
明该遗址在明清时期不仅酿酒生产已具规模，其酒肆应具备的各色

---

5. 四川省文物考古研究院等编著：《射洪泰安作坊遗址》，文物出版社，2008年，第4、
　　6、14～16页。

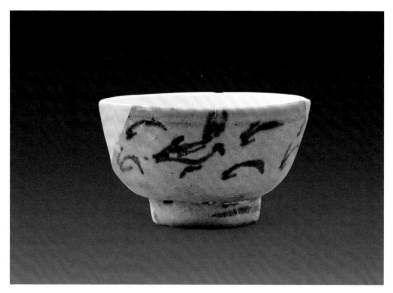

图 5-4 泰安作坊遗址出土明代青花瓷杯
（采自《射洪泰安作坊遗址》，彩版五五）

酒杯、酒壶、酒坛、酒缸以及碗、盘和钱币等要素也一应俱全。如果说酿酒工具和酿酒遗迹是泰安酒坊遗址"后厂"的具体展现，那么种类丰富的各种酒具、生活用具和钱币则是其存在酒肆的实物诠释，它是一处较为典型的前店后厂的酒坊遗址。

泰安作坊遗址发现的遗迹以及数量众多的遗物，清晰地再现了泰安酒坊遗址至少从明代开始，历经清代、民国并延续至今的发展脉络，揭示出沱牌泰安作坊白酒窖酿发酵、曲药拌料的研制以及勾兑品鉴的生产过程。泰安作坊传承数百年不曾间断，从发掘和出土的丰富的遗迹和高品级的器物中，我们不难看出，明清时期沱牌泰安作坊前店后坊的兴旺繁荣景象。它在四川传统白酒工业乃至中国白酒酿造工业遗址中具有标本意义。

第二节

长发升、利川永酿酒作坊

　　宜宾现存最早的酿酒作坊为明代所建，当时最有名的是宜宾城北门顺河街的"温德丰"和"德盛福"。这两家糟坊都设在城内，铺面当街，坊内分"前店"和"后厂"两部分，"前店"卖酒，"后厂"酿酒。这类糟坊是产销合一的经济实体。清同治二年（1863年），当地又形成"利川永"（即温德丰）、"长发升""张万和"和"德盛福"四

图 5-5　1964 年"长发升""利川永"老窖池出土的明代瓷片

（采自 2012 年 3 月《第七批全国重点文物保护单位推荐材料——五粮液"长发升、利川永老窖池群"》）

图 5-6　长发升作坊
（四川省文物考古研究院刘睿摄于 2012 年 3 月）

家槽坊，购置和保存了明代以来的酒窖[6]。1964 年 10 月，五粮液老窖池群曾出土一批陶瓷片（图 5-5），经四川省文物保护管理委员会专家鉴定，这批陶瓷片为明代遗物，第一次从考古学上将五粮液"长发升""利川永"老窖断代为明代。它是全国现存最早、最完整、连续使用时间最长的发酵窖池之一[7]。

长发升作坊、利川永作坊、刘鼎兴作坊以及东浩街马家巷糟坊 4 处的老窖池等遗存沿用至今，目前仍然在继续使用与生产，是五粮液酒厂内最老的生产车间。现重点介绍长发升作坊和利川永作坊。

长发升作坊（图 5-6）位于宜宾市翠屏区鼓楼街 24 号，占地 1218 平方米，其南侧一进有 16 世纪末至 17 世纪初的明代传统建筑

6. 黄均红：《酒都宜宾和宜宾酒文化史迹》，《中华文化论坛》2001 年第 1 期。
7. 四川省文物考古研究院：《宜宾五粮液集团"长发升"、"利川永"及北正街古窖池考古调查勘探报告》，内部资料，2008 年。

图 5-7 长发升作坊明代
建筑构件
（采自 2012 年 3 月《第
七批全国重点文物保护
单位推荐材料——五粮
液"长发升、利川永老
窖池群"》）

特征，内部保存了明代木雕缠枝雀替和鱼鳞纹横批窗，正面为朱漆
大门，雕花装饰，二进和三进也全为传统穿斗梁架（图 5-7）。该处
有酒窖 31 口，分布在宜宾市鼓楼街原"长发升"糟坊旧址，为五粮
液前身——杂粮酒的重要糟坊。作坊分左右两区，按东南——西北走
向排列，其左区右列第一口"菜刀把"及右区左列第一口"板子窖"
为明代窖池。前者因平面形似菜刀而得名，窖口用条石砌成，窖池
四壁及底部铺细黄土。窖池长 3、宽 2、深 1.8 米；后者因窖口铺木
板而得名，窖池长 2.3、宽 2、深 1.6 米（图 5-8）。现整个生产车间
上为多栋连接的民国穿斗木结构建筑，长 60 米，宽依次为 28、14、
7 和 11 米，呈"丁"字形。其余如泡料池、蒸灶以及冷却池等设施

和生产工具为近几十年新添，兹不赘述。

利川永作坊位于宜宾市长春街 70 号，现存 3 口明代曲酒发酵窖池，分布在"顺字组"工场，原"利川永"糟坊旧址（图 5-9）。"利川永"作坊现有窖池 27 口，按西南—东北走向分左、中、右三行排列。明代窖池窖号为 21、22、23。21 号窖池口长 2、底长 1.7、口宽 1.65、底宽 2.5、深 1.5 米，口沿用条石砌成，壁底为土质；22、23 号长 2.8、宽 1.65、高 1.8 米，口沿为条石，壁底为土质（图 5-10）。这 3 口窖池原为"利川永"的前身——创自明初的"温德丰"糟坊，其原

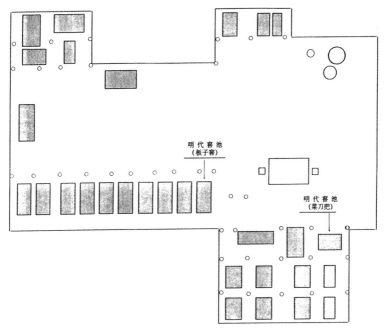

图 5-8 长发升作坊窖池分布示意图
（采自 2012 年 3 月《第七批全国重点文物保护单位推荐材料——五粮液"长发升、利川永老窖池群"》）

图 5-9 利川永作坊老窖池
（四川省文物考古研究院刘睿摄于 2012 年 3 月）

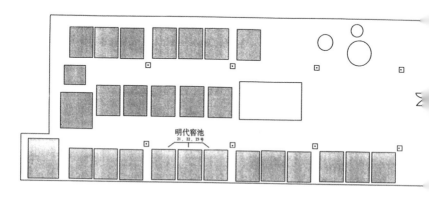

图 5-10 利川永作坊窖池分布示意图
（采自 2012 年 3 月《第七批全国重点文物保护单位推荐材料——五粮液"长发升、利川永老窖池群"》）

图 5-11 五粮液老窖池作坊发掘现场
（采自《宜宾五粮液集团"长发升"、"利川永"及北正街古窖池考古调查勘探报告》）

状呈"斗"形[8]。

　　2007 年 8 月至 2008 年 1 月，经四川省文物局批准，四川省文物考古研究院主持对五粮液"长发升""利川永"和"北正街"3 处酿酒古窖池作坊进行考古调查和试掘工作，发现明代至民国年间的窖池、炉灶、晾堂和水沟等酿酒设施及大量明清酒具瓷片（图 5-11）。这些窖池是宜宾五粮液集团公司年代最早、生产时间最长、基本保存历史原状、承载着厚重的酿酒历史文化信息的我国传统白酒酿制工业文化遗产，特别是"长发升""利川永"两处，见证了五粮液由

8. 黄均红：《酒都宜宾和宜宾酒文化史迹》，《中华文化论坛》2001 年第 1 期；四川省文物考古研究院、宜宾市博物院：《宜宾地区古代酿酒作坊、遗址调查简报》，《四川文物》2013 年第 4 期。

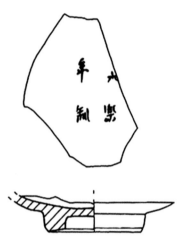

图 5-12 五粮液老窖池作坊出土"永乐年制"瓷片
（采自《宜宾五粮液集团"长发升"、"利川永"及北正街古窖池考古调查勘探报告》）

明代私家酿制杂粮酒的小作坊经过数百年的传承、积淀、发展和振兴，壮大成今日之宜宾五粮液集团的历史进程。

此次，考古工作者在"长发升""利川永"和"北正街"老窖车间进行考古调查、勘探，在此基础上布探沟进行试掘，发现长发升作坊的文化堆积可分 6 层，发现灶 2 座，排水沟 2 条。在文化堆积层和灶等遗迹中出土了较为丰富的陶瓷片，经过对陶瓷片的胎质、釉色、纹饰、器型和文字年款等因素的分析、考察，可以初步断定："长发升"老窖作坊在明代中期已粗具规模，酿酒技艺渐趋成熟。结合有关史料分析，"长发升"老窖作坊的始创年代，存在往前推至明代初期的可能性。发现的灶坑遗迹，应是明代酿酒作坊生产杂粮酒的必备加热蒸馏设备之一。"长发升"第⑤层出土的明代青花瓷碗、杯、盘，特别是 2 座明代灶坑遗迹的发现，对"长发升"老窖作坊始创于明代，历经清代并沿袭至今的推断提供了科学的实物证据，也证明有关"长发升"老窖作坊始创于明代的文献记载是可信的。

"利川永"老窖作坊地层的文化堆积层可分为 3 层，"北正街"老窖作坊地层的文化堆积层可分为 5 层，文化层堆积中包含有较多的陶、瓷器残片等文化遗物。这些陶、瓷器碎片中能辨认出的器物主要有青花碗、杯、盘、盏、壶、器盖以及勺等，有的器物有文字年号题款，如"永乐年制""雍正年制"等，这些有年款的瓷器残片出土于探方（沟）、灰坑和房屋基址等堆积单位中，为正确断定"利川永""北正街"两处老窖车间始建年代提供了重要的年代学依据。"永乐年制"的瓷片（图5-12）虽然出在T2探方的第2层，但就这件瓷器残片本身的特征来看，当属明代无疑。虽然它出土的地层不属于明代，但不排除后来的人们在此活动时，将早期（明代）地层破坏，并把早期（明代）地层的文化遗物（明代瓷片）带到晚期地层的可能。

由于此次调查、勘探和试掘受客观环境限制，挖掘的面积十分有限。以历史性的眼光观察"利川永""北正街"两处老窖作坊酿酒的历史，依据前述有关史志记载和出土遗物，从明代至清乾隆直至近现代，此二处酿酒作坊传承有序，初步勾画出其发展、演变和壮大的历史轮廓，脉络清晰可辨。作坊建筑均较好地保留了明清时期"前店后厂"式的平面布局和基本构架，并仍在使用原有的操作流程和酿造工艺生产优质五粮液酒。它或许是我国现存最早的唯一的地穴式曲酒发酵窖池，这在中国酿酒业中十分鲜见，享有窖酿传承"活文物"的美誉，有着重要的历史文化价值。

五粮液"长发升"及"利川永"老窖池群采用黄泥构建，从明代以来一直未停止过发酵，是多种功能性微生物积累和优化的宝库，甚至可能是世界上独一无二的生物发酵设备，也是形成五粮液酒独特的、浓郁的"窖香"特征的保障。因此，从某种意义上讲，五粮液"长发升"及"利川永"老窖池群既是我国传统酿酒技术的科研课堂，又是研究微生物学界酿酒类微生物物种及其在发酵酿酒中的作用的实例，具有重要的科学研究价值 [9]。

---

9. 四川省文物考古研究院：《宜宾五粮液集团"长发升"、"利川永"及北正街古
窖池考古调查勘探报告》，2008年。

第三节

喜捷镇糟坊头明代酿酒作坊遗址

    糟坊头明代酿酒作坊遗址位于四川宜宾喜捷镇红楼梦村（今属叙州区柏溪街道），现红楼梦酒厂酿酒车间北面，当地村民称其为糟坊头。该遗址位于岷江南岸的二级台地上，小地名公馆坝。南面为丘陵，西侧浅丘为纱帽山，东侧浅丘为桠木林坡。遗址西面有鸳溪河，从西南向东北穿过台地，在江心沙洲中坝子西南面汇入岷江（图5-13）。遗址分布在红楼梦酒厂新厂区扩建范围内，在基础建设中大量的青花瓷片被发现。2010年12月，四川省文物考古研究院对该处进行调查，确认遗址面积约3000平方米，分为东区和西区。西区为遗址核心区，南部因厂房施工略有破坏。2011年2～4月，四川省文物考古研究院联合宜宾市博物院等单位对遗址进行发掘，发掘面积450余平方米[10]。

    糟坊头明代酿酒作坊遗址中发掘并清理的遗迹包括晾堂、水沟、水池、酒窖、房址

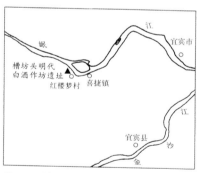

图5-13 糟坊头明代酿酒作坊遗址位置示意图（2013年）

---

10. 四川省文物考古研究院、宜宾市博物院：《四川宜宾喜捷糟坊头明代白酒作坊遗址发掘简报》，《文物》2013年第9期。

等(图5-14、15)。晾堂用石板拼砌而成，北部保存略好，南部基本
被破坏，石板略倾斜。在南部部分石板被取走处，可见石板缝隙间由
于长期雨水渗漏形成的黑色印痕。根据印痕和残存的石板推断，晾
堂长7.6、宽2.8米，面积约21.3平方米。水沟用砖砌成，部分用石
板封顶，沟西面和晾堂相连，相连处为一浅水槽，当为引水口，东面
连接水池，当为出水口。水池形制规整，四面及底都用规整的石板砌
成。两个窖池编号分别为K6和K7。其中，K6位于水池北侧，壁面夯
打平整，底部有青色土，长方形，口大底小，有较大的收分，长1.9、
宽1.16、高0.5米。K7为长方形，用条石砌边。上部被破坏，北端
石条受挤压变形，南端被破坏，仅有底部，口部长2.27、宽1.7米，
底部长3.02、宽1.9、高0.74米，复原后的容积为5.4立方米。底部
为青黄色土，有别于遗址其他遗迹内的填土。上层填土中发现了圜
底、深腹、素胎的小瓷杯，推测为品酒杯。K6、K7均为泥底窖池，
当为固态发酵的场所，区别于半固态发酵的中国传统黄酒酿造工序。
半固态发酵中掺水较多，一般即使使用窖池，也会在窖池中放置陶
缸。而浓香型和酱香型白酒均使用泥底窖池，窖泥在发酵过程中提
供丰富的微生物群，使糖分在醇化过程中形成独特的香味。从糟坊
头烧酒作坊中的酒窖、晾堂、水沟和水池等分布状况和用途分析，糟
坊头作坊的酿酒技术已经非常成熟[11]。

　　遗址中还发现了与酿酒工艺相关的生产用具，如石碾轮、石碾
槽和石砝码，还有一仅口部露出地表的石臼。除了石臼，其他石质
工具均是用红砂石琢刻而成的。除石质工具外，遗址中还出土了大
量铜器、瓷器和陶器等器物。铜器有烟锅、钥匙、耳挖、簪、钗和镜

---

11. 四川省文物考古研究院、宜宾市博物院：《四川宜宾喜捷槽坊头明代白酒作坊遗
　　址发掘简报》，《文物》2013年第9期。

图 5-14 糟房
酒作坊遗址
（采自《文物
2013 年第 9

子等。瓷器有杯（图5-16）、盏、盘、碗等。陶器有灯、擂钵、壶、碟等。此外，刻有"头等三百六十斤"字样的石质秤砣较有特色。由此可见，当时该作坊酿酒规模之大。

遗迹上的地层包含大量的砖、瓦等建筑材料，应是作坊建筑用料，而这两层出土的瓷片具有典型的明晚期特征，未见清代瓷片，所以这组作坊建筑至迟在明末就已经废弃，废弃的原因应该是战乱。明末清初的战争致使四川地区十室九空，人烟稀少，城郭萧条。公馆坝糟

图5-15 糟坊头酿酒作坊遗址窖池
（采自《酒都瑰宝——宜宾市不可移动文物精粹》，第29页）

坊头也因此几乎成为废墟，兴盛一时的糟坊头酿酒作坊归于毁灭。

糟坊头遗址中，酿酒时各生产环节所需要素几乎都被保留了下来，水池可以满足淘洗、浸洗的工序要求，晾堂可以提供摊饭、拌曲的场地，而摊饭、拌曲的过程中要经常清洗，有一定倾斜度、可以快速排水的沟槽能达到这些要求[12]。这是目前川东南地区白酒金三角发现的要素最全、时代最早、保存最好的一处酿酒作坊遗址，为明代四川地区酿酒手工业作坊的研究提供了难得的实物资料。

---

12. 四川省文物考古研究院、宜宾市博物院：《四川宜宾喜捷糟坊头明代白酒作坊遗址发掘简报》，《文物》2013年第9期。

图 5-16 糟坊头酿酒作坊遗址出土明代青花瓷杯
（采自《文物》2013 年第 9 期）

　　喜捷镇属于中亚热带季风气候区，气候温和，雨量充沛，四季分明，雨热同季，冬季霜雪少，全年温暖湿润、阴天多。这种气候条件有利于水稻、高粱、玉米、小麦等农作物生长，为酒的生产特别是白酒的生产提供了充足的原料。7～8 月份是宜宾地区稻谷、玉米和高粱的成熟季节，但由于此时宜宾高温伏旱，导致这些作物成熟期短，作物品质下降，表现为直链淀粉高、蛋白略低，次生代谢产物少，适口性偏差，单粮发酵不能达到多粮酿造的效果。为协调原料中直链淀粉和支链淀粉比例，调整水溶蛋白比例，同时调节合适的碳氮比，在酿酒过程中，酿酒师在对各种原料的特性有了充分认识的基础上，不断试验和改进配方。到清代晚期，喜捷糟坊头酿酒遗址所在的宜宾区域则采用以合理配制比的五谷杂粮为原料来酿制白酒，有效规避了用一种或两三种粮食做原料酿酒而造成的风味单一、口感欠佳的缺点，使酿酒原料的选择与当地生态相协调。因此，区域气候环境成就了糟坊头酿酒原料独特的配制方法。

　　糟坊头酿酒遗址区域内的土壤构成独特，土壤保水性强，含有丰富的矿物质和微量元素。当地用于制作窖泥的黄黏土经 2～3 次培育筛选后内含钙、钠、镁等多种矿物质及丰富有效磷和有效氮等营养成分，且pH值呈弱酸性（窖泥中有效氮含量为 122 mg/ 100 g，有效钾为 0.34%，钠为 0.026%，钙为 0.65%，镁为 1.22%，pH值为 3.7 ~ 4.8），这种窖泥环境为发酵过程中微生物群落的生长、繁衍提供了绝佳场所。另外，原来公馆坝酿酒作坊用水来自于杨柳湾千年古井，该泉水沁涌，流量大，水质软而甘洌。经检测，井水中含有钙、镁、磷、钾、钠等多种矿物质（水中钙含量为 71.4 mg/L，镁为 15.8 mg/L，磷为 1.6 mg/L，钾为 2.2 mg/L，钠为 17.6 mg/L），pH值为 7.31，总硬度为 4.1 mmol/L。窖泥和水中的磷和钾等无机有效成分是微生物生长的养分及发酵的促进剂，钙、镁等无机有效成分是酶生成的刺激剂和酶溶出的缓冲剂 [13]。

独特的气候环境不仅为种植丰富的酿酒原料创造了有利条件，而且成就了糟坊头遗址酿酒原料独特的配制方法；温和潮湿的气候条件、水质条件及营养丰富的窖泥环境孕育了制曲、酿酒发酵过程中所需的庞大的复杂的微生物群，为各种微生物的遗传、变异、消长和衍化提供了绝佳的生态环境。

红楼梦酒制曲工艺流程为：原料（纯小麦）— 发水 — 翻糙 — 堆积 — 磨碎 — 加水拌和 — 装箱 — 踩曲 — 凉汗 — 入室安曲 — 保温培菌 — 翻曲 — 打拢 — 出曲 — 入库贮存。其工艺及特点如下：制曲过程中仍采用人工踩曲和自然接种的培养方法，充分利用曲房高温高湿环境，网罗空气、工具、曲房以及水中的微生物在培养基上富集、盛衰交替，再利用制曲工艺控制微生物的消长和优胜劣汰，最终保留特有的微生物群体，生产出皮薄心厚、曲香纯正浓郁、糖化力高、发酵力强的特色"包包曲"。这对淀粉质原料的糖化发酵和香味的成分的形成，起着至关重要的作用。"包包曲"作为空气和泥土

13. 肖东光等：《白酒生产技术》，化学工业出版社，2011 年，第 59 页。

中的微生物结合的载体，非常适合酿酒过程中多种微生物的生长和繁殖，克服了其他白酒只利用空气中的微生物而使酒味不全面的缺陷。它是利用宜宾当地的自然环境优势孕育和滋生出的纷繁复杂的微生物类群，是自然环境条件所控制的微生物的繁衍栖息和生化演化结果。在制曲和发酵酿造过程中，糟坊头遗址从古至今都在有意或无意地利用和发展微生物技术，整个制曲工艺既具有历史传承性，又符合科学规律。

糟坊头遗址区红楼梦酒采用传统跑窖分层蒸馏法工艺。"跑窖法"就是在生产时，先预留一个空着的窖池，然后把另一个窖内已经发酵完成后的糟醅取出，通过加原料、辅料、蒸馏取酒、糊化、打量水、摊凉冷却、下曲粉后装入预先准备好的空窖池中，而不再将发酵糟醅装回原窖。全部发酵糟蒸馏完毕后，这个窖池就成了一个空窖，而原来的空窖则盛满了入窖糟醅，再密封发酵，以此类推。此工艺具有泥窖固态发酵、混蒸混烧、续糟配料、百年老窖、万年糟、发酵工艺"三高二低一长"（"三高"是指入池酸度高、入池淀粉高、入池温度高；"二低"是指入池水分低、用糠量低；"一长"是指发酵期长）以及发酵与贮存容器特殊等特点[14]。

2011 年 6 月，四川省文物考古研究院与红楼梦酒厂研究人员提取糟坊头明代窖池窖泥送至中国科学院成都生物研究所进行微生物分析。研究人员对明代窖池窖泥微生物的分离鉴定、菌种代谢物分析以及特殊菌株的研究，表明糟坊头遗址明代窖泥埋藏至今已有 400 余年，古窖泥中微生物数量较多，种类较丰富，包括了细菌、酵母菌及霉菌三大类；遗址窖泥土壤中分离到了酿酒酵母、油酯酵母

---

14. 谢振斌、郭建波：《四川宜宾县喜捷镇糟坊头酿酒遗址价值分析》，《四川文物》2013 年第 5 期。

等 15 株酵母菌，这些酵母菌均能产生乙醇，绝大多数能产生乙酸乙酯，均可作为酿酒功能微生物，其中的酿酒酵母、异常汉逊酵母、假丝酵母、球拟酵母等在现代白酒酿造的物料中经常发现；遗址土壤中细菌数量较多、种类较丰富，共分离到巨大芽孢杆菌、短芽孢杆菌属、地衣芽孢杆菌等 18 种，其中的地衣芽孢杆菌在酱香型白酒生产物料中经常分离到，梭状芽孢杆菌在窖泥中普遍存在，HLMB-2、HLMB-9、HLMB-39 三株细菌的固体培养物中的吡嗪、呋喃、噻吩等杂环化合物是对酱香型白酒香味有重要贡献的微量成分。而遗址中的明代窖池有以红石为窖壁、黏土为窖底的窖池。综合这两项因素，说明这种窖池近似于近代酱香型白酒生产的发酵容器[15]。

喜捷糟坊头酿酒遗址发掘了壁和底都是石板砌的、底和壁都是三合土筑的、泥壁泥底、石壁泥底等多种样式窖池，其中以泥壁泥底、石壁泥底为主，而现有红楼梦酒厂发酵池均为泥窖。窖泥中较为丰富的有效氮、有效钾、钠、钙和镁等矿物质和其他营养成分有利于己酸菌等窖泥功能菌群的栖息、变异、消长和繁衍，对"窖香"的形成十分关键[16]。从发掘出土的大量陶片可以看出，喜捷糟坊头酿酒遗址从明代开始使用陶质容器贮存酒，而现红楼梦酒厂仍采取陶坛贮存新酒并埋于泥土中或地藏中进行老熟。由于陶质容器具有较好的透气性，且陶坛材质中含有较高的钾、钠、铜、镍、铬等金属元素，采取陶坛作为贮存老熟新酒的容器既可以保持酒质，又利于空气进入，有利于促进酒的老熟，增加醇甜感[17]。

---

15. 文万彬等：《红楼梦糟坊头酒坊古窖池酿酒微生物区系研究》，《酿酒》2012 年第 1 期；李晓英等：《糟坊头酒坊遗址古窖池中几株细菌鉴定及其代谢产物分析》，《酿酒》2012 年第 1 期。
16. 肖东光等：《白酒生产技术》，第 154 页。
17. 李大和：《低度白酒生产技术》，中国轻工业出版社，2010 年，第 190 页。

根据现代白酒酿造理论，泥壁泥底为浓香型白酒的发酵池，石壁泥底为酱香型白酒的发酵池，而石壁石底可能为其他香型的发酵池。综合从糟坊头酿酒遗址明代窖泥分离出的微生物类群及特殊菌株代谢物成分，可以得出宜宾喜捷糟坊头明代酿酒遗址是一处浓香型与酱香型（也可能是浓香、酱香及其他香型）共存的混合型酿酒遗址，这在我国已发掘的酿酒遗址中是独一无二的。

红楼梦酒的制曲、酿酒工艺是在继承糟坊头遗址传统酿造技艺的基础上创新和发展起来的，其传统的酿造技艺体现了我国古代劳动人民的独创精神，在全国乃至全世界有着突出的价值。酿酒原料采用高粱、大米、糯米、小麦和玉米五种粮食，通过科学合理配制，有效地协调了原料中直链淀粉和支链淀粉比例、调整了水溶蛋白和醇溶蛋白比例及合适的碳氮比，这样既能通过调控酿酒原料的黏度和糊化度有效控制酒的质量，以充分利用各种原料中的营养成分和特殊成分在窖泥微生物群的作用下生成多种风味化合物，也有效规避了一种或两三种粮食为原料酿酒造成的风味单一的缺点。因糟坊头遗址时间上的长期性及独特的文化地域性特点，决定了这一酿造技艺具有珍贵的历史、科学、人文、民俗、经济及社会价值，它和我国其他手工技艺一样，都是中华文明的重要组成部分[18]。

18. 谢振斌、郭建波：《四川宜宾县喜捷镇糟坊头酿酒遗址价值分析》，《四川文物》2013年第5期。

第四节

明代宜宾地区其他酿酒作坊

    2012年3月，根据四川省文物考古研究院承担的国家文物局"指南针计划"专项项目——"糟坊头酿酒遗址和'泰安作坊'酒坊遗址的价值挖掘与展示研究"计划的工作要求，四川省文物考古研究院联合宜宾市博物院，对宜宾地区2区8县50多个乡镇的古代酿酒作坊和遗址进行了初步调查。本次调查最终确定了29处酿酒作坊和30处酿酒遗址，共计59处，涵盖了宜宾大部分地区。其中明代作坊有翠屏区鼓楼街长发升作坊、下走马街德盛福作坊、北正街刘鼎兴作坊、长春街利川永作坊、东城街马家巷糟坊和江安龙门口御酒坊6处，以及喜捷镇明代糟坊头酿酒遗址1处，共计7处（表5-1）[19]。

表5-1 宜宾明代酿酒作坊、遗址调查统计表

地点		作坊名称	概况
翠屏区	鼓楼街	长发升	仍在生产，国保单位
	下走马街	德盛福	仍在生产，省保单位
	北正街	刘鼎兴	仍在生产，第三次全国不可移动文物普查文物点
	长春街	利川永	仍在生产，国保单位
	东城街	马家巷	仍在生产，第三次全国不可移动文物普查文物点

---

19. 四川省文物考古研究院、宜宾市博物院：《宜宾地区古代酿酒作坊、遗址调查简报》，《四川文物》2013年第4期。

地点		作坊名称	概况
江安县	江安镇龙门口	龙门口御酒坊	仍在生产，市保单位
叙州区	喜捷镇红楼梦村	糟坊头遗址	已部分发掘，省保单位

注：基于 2012 年 3 月的"指南针计划"调查结果，信息有更新。

德盛福作坊（图 5-17）位于翠屏区下走马街 88 号，与其在一处的还有元兴和糟坊，皆始建于明代（现统一记为德盛福糟坊），分别得名于创始人叶德盛和赵元兴。据管理方四川景盛集团介绍，德盛福糟坊有明代窖池 9 口，其中 4 口已确认为明代成化年间窖池，元兴和糟坊有明代窖池 7 口，皆为平面呈长方形的地穴式窖池。各窖池规格较为一致，一般长约 3.2、宽约 2.5、深约 1.8 米。作坊地表为现代仿古建筑。

图 5-17 德胜福作坊
（四川省文物考古研究院刘睿摄于 2012 年 3 月）

图 5-18 江安龙门御酒坊古窖
（四川省文物考古研究院刘睿摄于 2012 年 3 月）

位于江安县江安镇龙门口街 6 号的龙门口御酒坊共发现 6 口平面呈长方形的地穴式窖池，规格基本一致，长 2.8、宽 1.9、深 2.2 米，底部平面略小于开口平面（图 5-18）。通过对窖池内泥土取样检测，并结合民国十二年版《江安县志》记载，确定这 6 口窖池始建于明嘉靖年间，后被废弃掩埋，1950 年重启后即以地名命名为龙门口御酒坊。今天的故宫酒业就是在这 6 口古窖池的基础上逐渐发展起来的。调查期间，厂方向我们提供了一条重要信息，即该地明代窖池不止有 6 口，部分古窖池可能位于现厂房南侧围墙外的荒地下 [20]。

---

20. 四川省文物考古研究院、宜宾市博物院：《宜宾地区古代酿酒作坊、遗址调查简报》，《四川文物》2013 年第 4 期。

第五节

明代宜宾酒具

明代宜宾酿酒业发达，喜捷镇糟坊头酿酒作坊遗址、五粮液老窖池作坊，向家坝库区（四川）屏山县长沙地遗址、平夷长官司衙署遗址、小街子遗址和大树枝遗址等都出土了明代的酒具，宜宾市博物院也藏有明代瓷杯。

2011年2~4月，四川省文物考古研究院联合宜宾市博物院等单位对喜捷镇糟坊头酿酒作坊遗址进行发掘，清理了晾堂、水沟、水池、酒窖和房址等遗迹，出土了大量陶瓷片，其中就有明代的青花瓷杯。如编号为H6:2的青花瓷杯，灰白胎，杂质较多，青白釉，青花呈蓝黑色。器表、内底饰花纹，口径8.6、足径4.2、高5.2厘米。又如编号为TS03W05③:8的青花瓷杯，灰白胎，较纯净，口径8.8、足径4.6、高5厘米。圈足与器身连接处有缩釉现象，青白釉，青花呈蓝色。糟坊头酿酒作坊遗址不仅发现了饮酒用的瓷杯，还出土了3件圜底、深腹的品酒杯，外壁为素面，内壁施釉不完全。杯子很小，口径和高都在3厘米左右（图5-19）[21]，这种杯子容量小，是用来品尝高浓度白酒的。射洪泰安作坊遗址也出土了两件。除了饮酒的青花瓷杯和品酒杯以外，糟坊头遗址还发掘了大量陶缸、坛、罐等盛酒器残片。其中有一块黄褐色陶罐残片，上面存留一个烧制的白

---

21. 四川省文物考古研究院、宜宾市博物院：《四川宜宾喜捷槽坊头明代白酒作坊遗址发掘简报》，《文物》2013年第9期。

图 5-19 糟坊头酿酒作坊遗址出土品酒杯
（采自《文物》2013 年第 9 期）

色行书"酒"字 [22]。

　　向家坝水电站是国家"西电东送"的骨干电源之一，向家坝水电站淹没区在四川境内主要涉及宜宾市屏山县，在屏山县境内长约93 千米，面积约 120 平方千米。2009 年起，在国家、省、市、县文物行政主管部门的坚强领导和省、市、县政府的大力支持下，四川省文物考古研究院、宜宾市博物院和屏山县文物管理所通力合作，终于赶在库区蓄水发电前夕（2012 年 10 月），完成了既定的地下文物抢救保护的野外考古工作任务 [23]。持续 4 年的向家坝库区考古发掘，发现了各时期的遗迹，出土遗物也十分丰富，在出土的大量明清时期的瓷器中就有不少酒器。

　　屏山县长沙地遗址位于屏山县楼东乡沙坝村 3 组（今属书楼镇），地处金沙江北岸一、二级台地。2009 年 6 ～ 9 月，考古人员

22. 凌受勋：《宜宾酒文化史》，第 83 页。
23. 四川省文物考古研究院、宜宾市博物院编著：《考古宜宾五千年——向家坝库区（四川）出土文物选粹》，第 7、8 页。

开始对遗址进行发掘，共清理明清时期房址 4 座，墓葬 1 座，灰坑 17 个，沟 2 条，灶 1 座。出土器物主要为青花瓷器和釉陶器，其中一件青花瓷杯底有"大明成化年"款；还有一件可复原的青花瓷杯，底径 7.5、高 4.5 厘米（图 5-20）[24]。

平夷长官司衙署遗址位于屏山县新安镇新江村 3、4 组范围内，处于金沙江的左岸台地上，是向家坝水库淹没区内的大型遗址之一。其范围内建筑较多，包括几座明清衙署建筑及原新安镇政府办公楼，2012 年 7~10 月，考古人员分 3 个区域对遗址进行发掘，清理的遗迹有灰坑、灰沟、房址、墓葬等，主要为明清时期的堆积。遗物以青花瓷器为主，多为白底青花。其中一件保存较完整的青花瓷杯为灰

图 5-20 长沙地遗址出土明代青花瓷杯
（采自《考古宜宾五千年——向家坝库区（四川）出土文物选粹》，第 64 页）

24. 四川省文物考古研究院、宜宾市博物院编著：《考古宜宾五千年——向家坝库区（四川）出土文物选粹》，第 59、64 页。

图5-21 平夷长官司衙署遗址出土明代青花瓷杯
（采自《考古宜宾五千年——向家坝库区（四川）出土文物选粹》，第159页）

白釉，夹杂有细小砂粒，口径6.9、底径3.2、高3.6厘米（图5-21），可能为附近的民窑烧纸；另一件白釉瓷杯釉面较纯净，侈口，圈足，口径7.2、底径3、高3.9厘米（图5-22）[25]。

　　小街子遗址位于屏山县新安镇新江村4组，地处金沙江北岸台地上，西部隔沟与大树枝遗址相望，北部与平夷长官司衙署遗址相邻，遗址的主要内涵为明清时期的堆积。2010年9~12月以及2011年4~7月，考古工作者对该遗址进行了发掘，清理了大量房址、灰坑、灰沟、墓葬等遗迹。出土遗物以瓷器为主，另有陶器、铜器、骨器和石器等。瓷器以青花瓷为主，有少量的白瓷和青瓷。其中一件

25. 四川省文物考古研究院、宜宾市博物院编著：《考古宜宾五千年——向家坝库区（四川）出土文物选粹》，第148、149、159、162页。

图 5-22 平夷长官司衙署遗址出土明代白釉瓷杯
（采自《考古宜宾五千年——向家坝库区（四川）出土文物选粹》,第162页）

明代酱釉瓷执壶，侈口圆唇，前部有流，直颈，圆弧腹，两侧有桥形系，腹径9.5、高11.2厘米，可做注酒时盛酒之用（图5-23）。该遗址还出土有青花瓷杯和青釉瓷杯，其中一件青花瓷杯直口，饰缠枝花草纹，口径3.5、高4.9厘米（图5-24）[26]。另外一件青釉瓷杯，釉面较为纯净细腻，青花呈蓝黑色，口径7.2、底径3.1、高3.8厘米（图5-25）。还有一件青瓷杯，敞口、弧腹、圈足，圈足不施釉，口径6、底径3、高3.2厘米（图5-26）[27]。

屏山县大树枝遗址位于屏山县新安镇新江村3组，地处金沙江北岸台地上，东部隔沟与小街子遗址相望，北部与平夷长官司衙署

26. 宜宾市博物院编著：《酒都藏宝——宜宾馆藏文物集萃》，第150、151页。
27. 四川省文物考古研究院、宜宾市博物院编著：《考古宜宾五千年——向家坝库区（四川）出土文物选粹》，第182、184页。

图 5-23 小街子遗址
出土明代酱釉瓷壶
（采自《酒都藏宝——
宜宾馆藏文物集萃》，
第 151 页）

图 5-24 小街子遗址出土青花瓷杯
（采自《酒都藏宝——宜宾馆藏
文物集萃》，第 151 页）

图 5-25 小街子遗址出土青釉瓷杯
（采自《考古宜宾五千年——向家
坝库区（四川）出土文物选粹》，
第 184 页）

图 5-26 小街子遗址出土青瓷杯
（采自《考古宜宾五千年——向
家坝库区（四川）出土文物选粹》，
第 182 页）

遗址相邻。2011 年 10 月～2012 年 1 月，考古人员对该遗址进行了发掘，出土遗物有瓷器、陶器、铜器和铁器等，其中明清时期的青花瓷器逾千件，以民窑青花瓷器为主，以白地青花为多，有少量的粉彩瓷。青花瓷纹饰主题以花卉纹和缠枝纹为主，有部分传统故事题材的花纹图案。部分青花瓷器底有明确的纪年，发现有明"成化年""万历年"等纪年题款。有一件可复原的青花瓷杯，灰白釉，青

图 5-27 大树枝遗址出土青花瓷杯
（采自《考古宜宾五千年——向家坝库区（四川）出土文物选粹》，第 207 页）

花呈蓝黑色，口径 5.6、底径 2.5、高 3.3 厘米（图 5-27）[28]。

宜宾市博物院还藏有明成化款白瓷杯 5 件和蓝釉瓷杯 3 件。5 件白瓷杯大小和形制相似，敞口，腹微弧，圈足，有污渍，碗底有"大明成化年制"青花题款。口径 8.9、底径 4.7、高 4.7 厘米（图 5-28）。3 件蓝釉瓷杯大小和形制相似，直口圈足，圈足不施釉，一只口沿残缺，底部磕伤，口径 6、底径 2.5、高 4.5 厘米（图 5-29）。

明代宜宾保留至今的酒具大部分是瓷杯，也有一些盛酒器，还有几件品酒杯。瓷杯多数是青花瓷，也有白釉、绿釉和青釉瓷器。出土酒器的遗址有酿酒作坊遗址和居住址，其中糟坊头酒坊遗址和五粮液老窖池遗址出土了大量与酿酒直接相关的器物。以平夷长官

28. 四川省文物考古研究院、宜宾市博物院编著：《考古宜宾五千年——向家坝库区（四川）出土文物选粹》，第 202、203、207 页。

图 5-28 宜宾市博物院藏明成化款白瓷杯

图 5-29 宜宾市博物院藏明代蓝釉瓷杯

司衙署遗址为代表的遗址也出土了大量酒器等生活用具。平夷长官司是一个延续时间长，极具典型的土司政权。小街子遗址、大树枝遗址和平夷长官司衙署遗址相邻，主要文化内涵相同，是平夷长官司衙署所在小城镇居民生产生活遗留形成的文化堆积[29]，大量器物的发现也昭示了当时小城的繁荣。

---

29. 四川省文物考古研究院、宜宾市博物院编著:《考古宜宾五千年——向家坝库区（四川）出土文物选粹》，第 181 页。

第六章 清代宜宾酿酒业

第一节
清代四川酿酒业

　　上章提到的明代水井坊、泸州老窖作坊和射洪泰安作坊在清代继续生产，而且规模有所扩大，一些新的作坊和名酒也于此时产生，现在川酒的六朵金花在清代已具雏形。随着酿酒业的沉淀日益丰厚，酿酒流程越来越合理，工艺日益成熟。

一　全兴老字号作坊

　　全兴烧坊在清乾隆年间就以酒香醇甜、爽口尾净而远近闻名，畅销各地。全兴烧坊的前身是"福升全"烧坊。"福升全"烧坊于元末明初在成都东门外大佛寺附近的水井街酒坊旧址中重建。1999年，考古工作者对成都水井坊遗址进行发掘，发现了与酿酒相关的晾堂、酒窖、灶坑、圆形酿酒设备基座等遗迹和大量遗物，说明当时全兴烧坊酿酒活动十分兴盛。由于福升全老址已不适应扩大经营的需要，1824年，作坊主在城内暑袜街寻得新址，建立了新号。为求吉祥和光大老号传统，他决定采用老号的尾字作新号的首字，更名为"全兴成"，用以象征其事业延绵不断，兴旺发达。"全兴成"建号后，继承福升全的优良传统，普采名酒之长，把握住"窖池是前提，母糟是基础，操作是关键"的宗旨，对原来的薛涛酒进行加工，创出的新酿称为全兴酒。全兴酒以高粱为原料，用以小麦制的高温大曲为糖化发酵剂。该酒对用料严格挑选，其独特的传统工艺为：用陈年老窖发酵，发酵期 60 天，面醅部分所蒸馏之酒，因质量差另做处理，用作填充料的谷壳，也要充分进行清蒸。蒸酒要掐头去尾，中流酒也要鉴定、验质、贮存和勾兑。成品酒无色透明，入口清香醇柔，爽净回甜，既有浓香的风味，又有自己独特的风格。数年之间，全兴酒行销省内外，深受大家喜爱[1]。

二 泸州老窖作坊

泸州大曲老窖池，遍布泸州旧城区各街道，现存清代窖池 1600 余口。泸州酿酒历史悠久，宋代就可以酿造"大酒"。元代泰定年间，郭怀玉创制"甘醇"曲，所酿之酒，浓香甘洌，味醇可口。明洪熙年间，泸州白酒史上又一代表性人物施敬章经过反复试验，研制出了"窖池酿酒法"，改进了曲药中燥辣、苦涩的成分，使大曲酒的酿造进入了向泥窖生香转化的浓香型白酒之列。天启年间，舒承宗总结探索了窖藏储酒"醅坛入窖，固态发酵，脂化老熟，泥窖生香"的一整套大曲老窖酿酒工艺，使浓香型大曲酒的酿造进入了"大成"阶段，创立了"舒聚源"。清同治八年（1869 年），"舒聚源"被转让给同样从事酿造业的温宣豫，并入豫记"温永盛"的牌名。1911 年，温筱泉继承祖业，改"豫记"为"筱记"，将酒厂更名为"筱记温永盛曲酒厂"[2]。

清代，泸州已被公认为四川"成、渝、泸、万"四大商业口岸之一。《泸县志·食货志》记载了清末泸州酒业概况："以高粱酿制者曰白烧，以高粱、小麦合酿者曰大曲。清末白烧糟户六百余家，出品远销永宁及黔边各地 …… 大曲糟户十余家，窖老者尤清冽，以温永

---

1. 文龙主编：《中国酒典》，吉林出版集团有限公司，2010 年，第 178、179 页。
2. 晏满玲：《泸州大曲老窖池文物保护工作历程》，泸州市文物保护管理所、泸州市博物馆《泸州老窖酒史研究》，内部资料，2005 年，第 90、91 页。

盛、天成生为有名，远销川乐一带及省外。"[3] 清代，以舒聚源为代表的酒坊，带动了泸州地区酿酒业的发展。这些酒作坊遍布泸州城区大小街道，其中比较有名就有十余家，如"温永盛""天成生""爱仁堂"和"春和荣"等。到清代中期，以半岛为中心的地带，真正形成了"酒楼红处一江明"的繁盛局面[4]。

三　沱牌曲酒

射洪酿酒历史悠久，早在唐代就酿有名酒。2007 年，四川省文物考古研究院联合射洪县文物管理所在射洪县柳树镇（今沱牌镇）沱牌集团公司泰安老作坊老车间内进行考古发掘，清理出晾堂、酿酒窖池、接酒池、水井等与酿酒相关遗迹和大量遗物，证实了清代此处的酿酒活动。清代酿有"火酒、绍醪、惠泉"等酒品。

沱牌曲酒的前身为金泰祥大曲酒。清光绪年间，邑人李吉安在射洪城南柳树沱开酒肆，名"金泰祥"。金泰祥前开酒肆，后设作坊，自产自销，并汲当地青龙山麓沱泉之水，酿出来的"金泰祥大曲酒"味道浓厚，甘爽醇美，深受大众喜爱。金泰坊生意兴盛，每天酒客盈门，座无虚席，更有沽酒回家自饮或馈送亲朋者。一时金泰祥名声大噪。由于金泰祥大曲酒用料考究，工艺复杂，故产量有限。每天皆有大批酒客慕名而来却因酒已售完抱憾而归，翌日再来还需重新排队。店主于心不忍，遂制小木牌若干，上书"沱"字，并编上序号，发给当天排队但未能购到酒者，来日顾客可凭沱字牌

3. 陈文：《泸州酒文物与泸州酒史略考》，泸州市文物保护管理所、泸州市博物馆《泸州老窖酒史研究》，第 74 页。
4. 晏满玲：《泸州大曲老窖池文物保护工作历程》，泸州市文物保护管理所、泸州市博物馆《泸州老窖酒史研究》，第 90、91 页。

号牌优先买酒，这也成为金泰祥一大特色，当地酒客乡民皆直呼"金泰祥大曲酒"为"沱牌曲酒"。民国初年，清代举人马天衢回乡养老，小饮此酒顿觉甘美无比，又见沱字号牌，惊叹："沱乃大江之正源也，金泰祥以沱为牌，有润泽天地之意，此酒将来必成大器！"遂写下"沱牌曲酒"四字，嘱咐店主以此为名，寓"沱泉酿美酒，牌名誉千秋"之意，店主欣然允诺，从此将"金泰祥大曲酒"正式更名为"沱牌曲酒"，沿用至今 [5]。

四　剑南春酒坊遗址

剑南春酒坊遗址群位于绵竹市城西棋盘街，这一区域为清代至民国年间酿酒作坊集中地带。据《绵竹县志》记载："绵竹城西一带酿好酒，清而冽，别处则否。"棋盘街在清代至民国时期共有曲酒作坊 20 余家，集中在此生产"绵竹大曲"等曲酒，且各自有坊号，始建于清康熙初年的"天益老号"酒坊是其中之一。1956 年，四川省绵竹县酒厂将部分老作坊改造、改建，仅"天益老号"酒坊大部分被保存下来，且该酒坊中的数口黄泥窖池至今依在使用古老的"泥窖固态纯粮发酵"酿造技艺生产曲酒。1961 年，"绵竹大曲"更名为剑南春，并一直坚持使用传统古法酿造技艺。

为了配合剑南春"天益老号"酒坊的扩建工程，2003 年 4~8 月，四川省文物考古研究院和德阳市文物考古研究所对以"天益老号"为中心的拆迁区进行清理和考古勘探，在"天益老号"酒坊西南侧发掘 300 平方米；2004 年 8~11 月，再次对"天益老号"酒坊西南侧进行了发掘，发掘面积 500 平方米，清理出酒窖、晾堂、炉灶、水井

---

5. 文龙主编：《中国酒典》，第 176、177 页。

和浸泡池等酿酒遗迹，还发现有房屋建筑基址以及大量瓷质酒具和食具。出土器物中，酒具占较大比例，充分反映出该酒坊遗址"前店后坊"的特征。

剑南春酒坊遗址是一处规模宏大、布局合理、配套设施齐全且保存较为完整、特色鲜明的清代酿酒作坊群。遗址群分布面积约120000平方米，分布面积大，作坊多，保存较好；同一遗址大曲窖、小曲窖均有发现，不同窖池生产着不同品种的酒类，全国罕见。保存下来的酿酒工艺流程遗迹完整，揭示出从原料浸泡、蒸煮、拌曲发酵、蒸馏酿酒到废水排放等酿酒工艺全过程。该遗址的发掘，对研究传统白酒酿造工艺、传统手工业格局与分布情形，探讨当时社会经济发展状况，具有重要价值[6]。

剑南春酒坊遗址入选"2004年度全国十大考古新发现"，被国务院公布为全国重点文物保护单位，是"中国白酒酿造古遗址"之一。

五 古蔺县郎酒老作坊

清代，"川盐入黔"使赤水河畔二郎滩逐渐繁荣起来，至乾隆十年（1745年）已有大小糟房20余家。1903年，四川荣昌人邓惠川在二郎滩建"絮志酒厂"，主要酿制曲酒、高粱酒及配制玫瑰、杨梅等酒品出售。1907年，絮志酒厂采用回沙工艺，酿成回沙郎酒并出售。同时，他又将厂名改为"惠川糟坊"，并一度发展成为当地最大的酒坊。1933年，邑人雷绍清集资创办集义糟坊，并请来茅台镇成义酒坊技师和惠川酒坊技师酿出质量更佳的回沙郎酒，雷绍清将该酒命

6. 四川省文物考古研究所等：《四川省绵竹剑南春酒坊遗址群发掘简报》，《四川文物》2004年增刊；四川省文物考古研究院等：《2004绵竹剑南春酒坊遗址发掘简报》，《四川文物》2007年第2期。

名为"郎酒"。至此，新"郎酒"声名远播，更盛"旧郎"[7]。

郎酒属酱香型大曲酒，以高粱和小麦为原料，用纯小麦制成高温曲为糖化发酵剂，取用郎泉清澈的泉水酿造，其酿造工艺与茅台酒大同小异；最后按质分贮于天然溶洞，三年后才勾兑出厂。郎酒颜色微黄，酱香突出，清澈透明。郎酒厂部右侧约 2000 米处的蜈蚣崖半山腰间，有两个天然藏酒洞——天宝洞和地宝洞。两洞洞内冬暖夏凉，常年保持 19℃ 的恒温，在洞内贮藏郎酒，可使新酒醇化老熟更快，且酒的醇度和香气更佳[8]。现今，藏酒洞内仍常年储存上万件陶制酒坛，规模宏大。

古蔺郎酒老作坊由清代以来在二郎镇创建的"惠川糟坊""集义糟坊"基础上发展而来，以惠川槽房、集义酒厂遗址和天宝洞、地宝洞为遗产区，至今仍在生产。古蔺郎酒老作坊完整保存了传统酿酒作坊的生产要素和工艺流程，是郎酒产生、形成和发展的历史见证，是"中国白酒酿造古遗址"之一。

7. 谢荔、王家伟：《郎酒文物考释》，泸州市文物保护管理所、泸州市博物馆《郎酒酒史研究》，2008 年，第 47 页。
8. 文龙主编：《中国酒典》，第 166、167 页。

第二节

清代宜宾酿酒业的发展

　　明末清初，宜宾因为奢崇明、大西军与清军以及吴三桂叛军之间的战争相继进行，人口锐减，民不聊生，社会经济遭到空前破坏，宜宾几乎成为空城。民国《南溪县志》载："天启初，奢崇明攻陷城邑，焚毁屠戮，瞩目皆瓦砾之场。"[9] 天启元年（1621 年），四川永宁宣抚司宣抚使奢崇明叛明自立，燃起战火，在宜宾境内和明军几次交战，给当地造成了极大破坏。崇祯十六年（1643 年），张献忠大西军攻到宜宾，烧杀抢掠，使当地人口迅速减少。南溪县"赤子尽化青磷，城郭鞠为茂草，一二子遗远窜蛮方，邑荒废者十数年""当时故家旧族百无一人存，人迹几绝，有同草昧"[10]。这些战争给宜宾带来了毁灭性的破坏，叙州地区经济受重创，人口大规模减少。

　　为了充实四川人口，开发四川地区，清初实行"移民填川"政策，进行大规模的移民垦殖，"楚、越、闽、赣之民纷来占插标地报垦……时地价至贱，有以鸡一头布一匹而买田数十亩者，有旷田不耕无人佃种而馈赠他人者"[11]，四川地区田园荒芜，湖北、湖南、浙

9.　李凌霄等修，钟朝煦纂：《（民国）南溪县志》卷四《食货》，《中国地方志集成·四川府县志辑》第 31 册，巴蜀书社，1992 年，第 542 页。

10.　李凌霄等修，钟朝煦纂：《（民国）南溪县志》卷四《食货》，《中国地方志集成·四川府县志辑》第 31 册，第 542 页。

11.　李凌霄等修，钟朝煦纂：《（民国）南溪县志》卷四《食货》，《中国地方志集成·四川府县志辑》第 31 册，第 542 页。

江、福建和江西等地的人民纷纷来开垦荒地。当时地价十分便宜，一只鸡、一匹布就可以买数十亩田地，有的土地所有者甚至将无力耕种的田地直接送给他人。大规模的移民开垦、轻徭薄赋和休养生息政策使得宜宾农业经济得到迅速恢复，"民获安居，修（休）养生息垂五十载……宇内宁谧，局粮未通，以粟易械，徭轻赋薄，时有减免，粟帛充盈，子性繁衍"。到雍正年间，"其时赋税徭之简，县庭争讼之稀，稻粱菽麦之饶，林木森林之畜，池沼田圃之广，衣食器物之朴，营缮建筑之便，百工佣价之低，童嬴事亲之舒，戚党赒遗之厚，婚姻交际之密，丧葬仪式之文，岁时宴聚之娱，春秋报祈之乐而有征"[12]，宜宾农村经济又恢复了自给自足的状态。人民安居乐业，讲究礼仪，为酿酒业的发展奠定了基础。乾隆、嘉庆以后，当地的社会经济已经恢复到相当可观的程度，经过近百年的繁衍生息，人口大量增加，康熙六十一年（1722年），叙州府户数为49874户；嘉庆十年（1805年），叙州府报十一县两厅为67950户，424215人；至光绪二十一年（1895年），叙州府已有489608户，1738584人[13]。

由于明末清初的战乱，宜宾酿酒业处于停滞状态，急需资金输入和技术革新。清代前期，北方酿酒业以直隶、陕西、山西、河南和山东五省最盛，当时称为"北五省"。陕西是有名的踩曲造酒之地，在陕西关中产麦区，"民间每于麦收之后，不以积储为急务，而以踩曲为生涯，所费之麦不计其数"。民间收完小麦之后，并不储存，而是制成酒曲贩卖。咸阳、朝邑等县居民，"开设曲坊，伊等并不自己造酒，只踩成曲块发往外省""踩曲之人则成群逐队，来往之客则结骑

12. 李凌霄等修，钟朝煦纂：《（民国）南溪县志》卷四《食货》，《中国地方志集成·四川府县志辑》第31册，第542页。
13. （清）王麟祥修，（清）邱晋成等纂：《（光绪）叙州府志》卷八《户口》，《中国地方志集成·四川府县志辑》第28册。

连槽"。陕西盛产高粱、苞谷等杂粮，亦有用杂粮酿制曲酒和制曲的丰富经验。陕西还有专门卖曲的曲坊，而且顾客很多，生意兴隆。当时四川绵竹用来酿造曲酒的母糟，就是从陕西略阳运来，而宜宾所用的母糟又是从绵竹转运来的。随着业务的直接或间接往还，陕西商人开始来宜宾经营酒业。后来籍隶陕西镶黄旗的年羹尧兼理川陕总督时，就曾从其所筹的云贵两省协饷银两中挪出一些款项在四川部分地方开设"典当""曲酒作坊"和"钻探盐井"等，以安置来川求事的亲友故旧。其中辗转来到宜宾的，亦续有人在。当时四川民间流行这样的俗语："皇帝开当铺，老陕坐柜台。盐井陕帮开，曲酒陕西来。"[14]在宜宾城中经营曲酒的有北门"温永盛"、东门"长发升"和南门"德盛福"等。这些糟坊原有的明代老窖不仅恢复了生产，而且还开挖了新窖，扩大了生产规模。因此，宜宾的曲酒酿制业不仅在明代的基础上得以复苏，大规模的南北酿酒技术的交流更促使宜宾曲酒酿制技术朝更加精湛的方向发展，为五粮液的诞生打下了良好的基础[15]。

关于清代宜宾酒业发展的状况可从部分材料中得到证实。一些史料将酿酒所用的苞谷和高粱与主粮相提并论，这不仅说明宜宾地区用高粱和荞麦酿制蒸馏白酒的事实，也可看出酿酒在叙州人的生活中的重要地位[16]。比如，"谷之属，有秔(糠)有糯。秔者宜饭，糯者宜酒"，"苞谷，供食、饲豕或酒；高粱，酿酒或磨面作饼"[17]。此外，南溪还有为酿酒而培育的新粮食品种，如"穬麦，即油麦，叶细长而尖，实繁密，

14. 孙望山：《宜宾"五粮液"》，中国人民政治协商会议四川省宜宾市委员会文史资料研究委员会编《宜宾文史资料选辑》第 2 辑，1982 年，第 34、35 页。

15. 凌受勋：《宜宾酒文化史》，第 90 页。

16. 肖仕华：《历史时期以宜宾为中心的区域酒业经济研究》，硕士学位论文，云南大学，2016 年，第 20 页。

17. 李凌霄等修，钟朝煦纂：《(民国)南溪县志》卷四《食货》，《中国地方志集成·四川府县志辑》第 31 册，第 532 页。

芒长似大麦，造曲或作马料"和"糙高粱，即酒米高粱，实如高粱，质
糙而泽，酿酒或磨面作饼"。[18] 在"近六十年食品之价格"表中也明确列
出了同治九年（1870 年）、光绪六年（1880 年）、光绪十六年（1890 年）、
光绪二十六年（1900 年）和宣统二年（1910 年）的常酒、老酒、烧酒以
及大曲酒的价格，可知这一时期酒的种类也有所增加（表 6-1）[19]。

表 6-1 清代南溪县酒和粮食价格表 [20]

	常酒	烧酒	老酒	大曲酒	酒米	高粱	苞谷	大麦	小麦
同治九年	18	36	40	160	45	35	30	30	40
光绪六年	20	40	50	180	50	50	40	40	46
光绪十六年	22	44	56	200	60	55	60	48	50
光绪二十六年	24	64	58	220	64	56	64	50	60
宣统二年	28	80	84	240	70	60	64	50	60

注：酒以斤计，粮食以升计。

《富顺县志》还记载了糯米酒和高粱酒的酿制方法及产量："糯米
酒，制法取糯米一斗，蒸熟用冷水过，晾于大框，俟微温，和以麹末，
贮缸中，拍米使平，自面至底中空一凹，如碗大。举缸坐草窝中，周围
严覆厚被以待汁出。经日，汁满去被松窝养至六七日，并糟贮于坛，渗
以高粱烧酒，用泥封固，每年如是。""高粱酒，制法取高粱五斗或六
斗，煮熟晾于泥地（俗称晾堂），俟微温，和以药麹，贮于箱上，覆草
口，经一昼夜后和以老糟，贮木桶中用泥封闭数日后取出，入地甑蒸
之，上盖营盘周围严密，不使气泄天锅在其上火发气腾凝为液体，以

---

18. 李凌霄等修，钟朝煦纂：《（民国）南溪县志》卷四《食货》，《中国地方志集成·四
    川府县志辑》第 31 册，第 532 页。
19. 李凌霄等修，钟朝煦纂：《（民国）南溪县志》卷四《食货》，《中国地方志集成·四
    川府县志辑》第 31 册，第 544 页。
20. 李凌霄等修，钟朝煦纂：《（民国）南溪县志》卷四《食货》，《中国地方志集成·四
    川府县志辑》第 31 册，第 543、544 页。

曲形锡枧引入罈中，名为泡酒亦曰烧酒，岁产总额约一二万斤。"[21] 可见，清代叙州府酿酒业已有相当的规模，曲酒分布范围扩大，种类增多。

随着酿酒业的发展，清政府还在宜宾地区征收了酒税，民国《南溪县志》和《富顺县志》对此都有记载。《南溪县志》载："烟酒税：清光绪三十年奉设酒税局（在火神庙内），由县委绅经理，凡醋坊烤酒按觔征钱四文，以接口簿为据，每桶约出酒六十觔，征钱二百四十文。汇县易银，按季解，省嗣以收数零星不便，稽查改为月缴，计醋房双牌（七桶），月纳税钱一千四百五十文，单牌减半。三十三年经征局成立接收，仍由局委绅办理，宣统元年加倍征收，醋房双牌月纳钱税二千七百二十文，其局费照百分之五扣支。"[22]《富顺县志》载："酒税，旧规每醋房一家由捕厅征收烧锅钱二千二百四十文，光绪二十九年总督岑春暄为济边练兵，饬办每酒一斤抽钱四文，宣统二年经征局册报，元年分实收银一万九千四百四十六两五钱零五厘（清末全年征税一云四万数千串）。"[23]

虽然明末清初的战乱破坏了宜宾地区的社会经济，酿酒业也受到重创，但是清代前期的"移民填川"政策使宜宾的社会经济得到了恢复，粮食产量增加，酿酒业又重新发展起来，酿酒从业人数增加，酒业消费市场也逐步扩大，出现了"家家酿春酒，父老杂醉醒"的局面。从陕西输入的踩曲和酿酒技术，使宜宾的酿酒工艺有了很大提高，酒的种类和产量有所增加，清代后期政府还征收了酒税。杂粮酒酿制技术的改进，为五粮液的诞生提供了重要条件。

---

21. 彭文治、李永成修，卢庆家、高光照纂：《（民国）富顺县志》卷五《食货》，《中国地方志集成·四川府县志辑》第 30 册，巴蜀书社，1992 年，第 302、303 页。

22. 李凌霄等修，钟朝煦纂：《（民国）南溪县志》卷三《田赋》，《中国地方志集成·四川府县志辑》第 31 册，第 522 页。

23. 彭文治、李永成修，卢庆家、高光照纂：《（民国）富顺县志》卷五《食货》，《中国地方志集成·四川府县志辑》第 30 册，第 305 页。

第三节

宜宾清代酿酒作坊和遗址

宜宾清代酿酒业继续发展，一些明代的作坊和酒窖继续沿用。同治年间（1862～1874年），由于天灾、战乱等原因，整个四川酿酒业开始转让兼并，"利川永"（原温德丰）"长发升""张万和"以及"德盛福"等酒坊购置和保存了从明初以来的酒窖。

"利川永"原名"温德丰"。清代所酿酒为杂粮酒，杂粮酒的配方，是明初"温德丰"陈氏在高粱之外，掺和其他种类粮食混合酿制的，通过不断调配原料和各原料投入的比率，最终形成了流传后世的"陈氏秘方"。调配后酿出的酒，比单种粮食所酿的酒风味更佳，当时该酒没有命名，只称为杂粮酒。清咸丰年间，陈三继承祖业经营"温德丰"糟坊，亲任烤酒师。他通过长期实践，进一步完善了家传酿酒秘技"陈氏秘方"："大米、糯米各两成，小麦成半荞半成，川南红粮凑足数，地窖发酵天锅蒸，此方传男不传女。"五种原料具体比例为高粱40%、大米20%、糯米20%、荞麦15%、玉米5%。他酿成的杂粮酒，是当时宜宾酒品中的佼佼者，以致后来城中传出了"北门窖子出好酒"的声誉。"陈氏秘方"丰富了白酒的味觉，它的产生是五粮液历史上的重大事件。清同治八年（1869年），赵铭盛继承"温德丰"，他扩大了酿造规模，继续发扬"温德丰"糟坊的工艺和风格，精心酿造杂粮酒。后来，邓子均与县属柳家乡兰登三联合购买"温德丰"糟坊，后改名"利川永"，酿制"杂粮酒"。利川永酒坊将曲酒与高粱白酒勾兑为"曲泡"，并在大曲酒中分段摘取"提庄"，民国时期行销海外[24]。"长发升"，原生产土酒和大曲，后来自产杂粮酒为非卖品，只作自用或馈赠亲朋。因其为明代老窖所产，酒质特佳，店主曾自命名为"御用酒"，后觉不妥，仍称杂粮酒。"张万和"作坊位于北门外东濠街，销售门市在宜宾市小北街。糟坊的酒窖虽大都是清代中叶所挖，但因对明代老窖的借鉴和接近明初老窖的地理环境，以及酿技精良的工人，在少数酒窖中仍然酿出了取名"元曲"的上乘杂粮酒。德盛福，位于城区南门外走马街，前店后窖，这个酒坊在清代仍在生产。因其后人不得力，未能与"温德丰"糟坊同步发展。该酒坊以老窖所产"尖庄曲酒"最为著名，仅次于"利川永""长发升"两家糟坊的质量。上述四家糟坊曾在明清时期的宜宾酿酒业中发挥着重要作用，为后来进一步酿造五粮液奠定了坚实基础[25]。

2007 年 8 月至 2008 年 1 月，经四川省文物局批准，四川省文物考古研究院主持对五粮液老窖池作坊进行了考古调查和试掘工作，对"长发升""利川永"以及"北正街"3 处酿酒古窖池进行了试掘，发现有明代至民国年间的窖池、炉灶、晾堂和水沟等酿酒设施及大量明清酒具瓷片。在"利川永"和"北正街"两处老窖车间挖掘的探沟（方）中，清理的遗迹有灰坑 6 个，房基址 5 座，灶 1 座，共计 12 个遗迹单位。这些遗迹单位依据其所在地层的层位，可初步判断为清代或清代以后遗迹；遗迹中还发现有"雍正年制""大清嘉庆年制"和"乾隆年制"等年号题款的瓷器残片。这表明，清代以来，人们在"利川永"和"北正街"两处老窖车间及其附近的活动十分频繁和剧烈[26]。

24. 龚咏棠、黄国光：《中国名酒五粮液史话》，《文史精华》2001 年第 10 期。
25. 龚咏棠、黄国光：《中国名酒五粮液史话》，《文史精华》2001 年第 10 期。
26. 四川省文物考古研究院：《宜宾五粮液集团"长发升"、"利川永"及北正街古窖池考古调查勘探报告》，2008 年。

2012年3月，根据四川省文物考古研究院承担的国家文物局"指南针计划"专项项目——"糟坊头酿酒遗址和'泰安作坊'酒坊遗址的价值挖掘与展示研究"计划的工作要求，四川省文物考古研究院联合宜宾市博物院，对宜宾地区2区8县50多个乡镇的古代酿酒作坊、遗址进行了初步调查，调查确定的清代作坊有高县杨氏大曲烧坊、宜宾县李庄老酒厂、南溪县水巷子酒厂、珙县底洞乡老糟坊4处，遗址为宜宾县横江镇炳记作坊群1处，共计5处（表6-2）。

表6-2　宜宾清代始建的酿酒作坊、遗址调查统计表

地点	作坊名称	始建年代	概况
翠屏区	李庄镇席子巷	李庄老酒厂	清末期	仍在生产
南溪区	仙临镇东街	水巷子酒厂	清晚期	仍在生产
叙州区	横江镇民主街	炳记作坊群遗址	清晚期	有4处在一起，已不生产
高县	来复镇云龙村	杨氏烧坊	清中晚期	仍在生产，县保单位
珙县	底洞乡两河村	老糟坊酒厂	清晚期	仍在生产

注：基于2012年3月的"指南针计划"调查结果，信息有更新。

在几处清代作坊中，较有代表性的为高县杨氏大曲烧坊，现为高州酒业所有。据相关资料和杨氏族谱记载，约在乾隆六年（1741年），杨氏族人杨佑华在来复渡（今来复镇）桂花桥开井湾砌灶挖窖，开始煮酒，初名玉液香。最早有9口酒窖，至20世纪80年代中期已发展至50口，此时酒坊已传至第八代传人杨永祥先生。最早的9口古窖为平面呈长方形的地穴式窖池，形制与翠屏区几处明代窖池相似，长约4.3、宽约2.1、深约1.8米（图6-1）。该作坊内除原清代的古窖基本未变外，其余酒窖的酿酒设备及建筑后期都有更换。据调查，这种"古窖池、新设备"的情况普遍存在于宜宾地区其他明清作坊中。

李庄老酒厂位于李庄席子巷，其窖池分两种类型。第一类为长

图 6-1 高县杨氏大曲烧坊窖池
（四川省文物考古研究院刘睿摄于 2012 年 3 月）

方形的地穴式窖池，长 2.6、宽 1.8、深约 2 米，计 8 口，与宜宾地区几处明代窖池相似；第二类可称之为半地穴式窖池，平面呈圆形，直径 2～2.3、深约 0.5 米，底部呈漏斗状，地表由竖起的条形石板围建，高约 1 米，整个窖池深约 1.5 米，共存 10 口。泡料池 1 口，位于糟坊东墙外，为石板在地表围圈建造，与第二类窖池形式接近，但其内部未向地下开挖，而是与地表齐平。蒸灶存 2 口，位于窖池旁边，蒸桶为圆筒形，壁由石板围砌而成，直径约 2.12、深约 0.55 米，灶底部嵌有大铁锅一口，其上铺有竹箅。由此可见，在清代作坊中，泡料池、酒窖和蒸灶等设备的形式开始趋同。作坊中部空出地面为晾堂，但发酵过的粮食未直接铺在地面，而是分装在竹簸箕里，这种做法也见其他作坊（图 6-2）。

南溪水巷子酒厂（图 6-3）位于南溪区仙临镇东街 56 号，主要生产高粱酒。酒厂现有酒窖 10 口，为半地穴式圆筒形窖池，直径

图 6-2 李庄老酒厂晾堂
（四川省文物考古研究院刘睿摄于 2012 年 3 月）

图 6-3 南溪水巷子酒厂作坊内景
（四川省文物考古研究院刘睿摄于 2012 年 3 月）

约 2.2、深约 1.5 米（图 6-4）。其余设备基本同前文提到的李庄老酒厂。在我们进行现场调查时，有些群众提及该酒厂以前用本地高粱（当地称小高粱）产酒，出酒量少，但口感佳；现改用东北地区的高粱，出酒量高，口感较以前有所差距。这使我们意识到，宜宾地区白酒生产原料有可能存在一个变化的过程。

横江镇炳记糟坊群为一处清代作坊群遗址，位于宜宾县（今叙州区）横江镇民主街（该镇老街）（图 6-5）。横江镇位于川滇交界处，与云南省水富县楼坝镇隔河相望，是宜宾地区较为著名的古镇之一。由于特殊的地理位置，商旅往来密集，这也促进了横江镇酿酒业的发展。在横江镇民主街上，分布着多家已停产的老糟坊，我们以其中一家炳记糟坊为代表，将其作为一个遗址群对待。

炳记糟坊同该处其他几座糟坊一样，依旧保持前店后坊的传

图 6-4 南溪水巷子酒厂作坊窖池
（四川省文物考古研究院刘睿摄于 2012 年 3 月）

图 6-5 横江镇炳记糟坊群
（四川省文物考古研究院刘睿摄于 2012 年 3 月）

统布局。"前店"现为房主居住场所，"后坊"只保留有部分窖池，现已作为堆放杂物的库房使用。房屋为穿斗式结构，部分木柱已换成砖砌的柱子，顶部仍为木质结构。据房东介绍，其家庭作坊可追述至清代末期。改革开放以后，由于外来白酒涌入以及生产成本增加等原因，作坊逐渐停产。炳记糟坊现保留有 12 口半地穴圆桶式窖池，环形列于房屋四壁附近，直径约 2.2、外部高约 1.3、内部深约 1.5 米。晾堂位于房屋阁楼上，木板铺成。在炳记糟坊周围，根据我们初步统计，仍有 4 处老糟坊，但保存不佳，其时间集中在清晚期到民国时期。虽然该糟坊群现已停止产酒，但我们仍可从中一窥此地当年酿酒产业之发达[27]。

27. 四川省文物考古研究院、宜宾市博物院:《宜宾地区古代酿酒作坊、遗址调查简报》，《四川文物》2013 年第 4 期。

第四节

各味谐调，恰到好处——名酒五粮液

　　五粮液的前身宜宾杂粮酒配方，是明初"温德丰"陈氏亲任烤酒师，几经试验研制而成的，后"陈氏秘方"流传后世。清咸丰年间，陈三继承祖业经营"温德丰"糟坊，亲任烤酒师，他长期实践，进一步完善了家传酿酒秘技"陈氏秘方"。清同治八年（1869年），赵铭盛继承"温德丰"，扩大酿造规模，继续发扬"温德丰"糟坊的工艺和风格，精心酿造杂粮酒。赵铭盛把秘方传给了徒弟邓子均，邓子均与县属柳家乡兰登三联合购买"温德丰"糟坊，后改名"利川永"，酿制"杂粮酒"，积累了丰富的酿酒经验[28]。

　　孙望山同嗜酒的宜宾县商会主席姜柏年共饮闲谈时，姜问："除曲酒之外，宜宾还有更好的酒否？"孙望山即把从其父处所知的清朝道光年间陕帮曾烤过杂粮酒的情况相告，并说此酒"味长而醇香可口"。姜柏年听说后十分赞美，当即托孙望山设法烤作，并先付货款银200两；但因为孙望山的父亲不愿麻烦，便将这笔生意转介绍与"利川永"作坊老板邓子均酿造。当时邓子均的作坊正值生产资金拮据，业务几陷停顿，成交这笔生意，当即着手生产。第一次烤出之酒，味浓香烈，但尾味带涩，他认为这是荞子多了的缘故。复经二次烤作，结果涩味全无，但酒性带燥，他认为这次是玉米放多了。再经研究，他准备三度重烤。未烤之前，他曾请当时宜宾名

---

28. 龚咏棠、黄国光：《中国名酒五粮液史话》，《文史精华》2001年第10期。

医孙我山根据医药配方的加减原理，结合四时气候以及曲药定量等情况，提出改进意见，然后进行第三次试制，结果涩燥均无，而且香味纯正。姜柏年非常满意，当即以"春花"二字命名，招待来宾，分赠亲友[29]。

1909 年的一天，宜宾县团练局局长雷东垣家张灯结彩，大宴宾客，邓子均应邀出席。席间，他摆出几瓶亲手酿制的杂粮酒，请众人品尝，赢得满堂喝彩，赞其为"上品佳酿"。晚清举人杨惠泉说："如此佳酿，名为杂粮酒，似嫌凡俗。此酒集五粮之精华而成玉液，何不更名为五粮液？"众人拍案叫绝，邓子均也高兴地接纳了这一建议。至此，五粮液之美名流传开来。

为了扩大影响，开拓销路，邓子均在 1932 年正式申请注册，成批生产五粮液，并制作了第一代五粮液商标。商标上画有五种粮食的图案，上面写有"四川省叙州府北门外顺河街陡坎子利川永大曲作坊附设五粮液制造部"字样，并附英文于其下。商标呈长方形，用 60 克白报纸彩印，这在当时是十分华丽的。为迎合国内外买主的不同爱好，邓子均采用了两种瓶型，一种是宜宾象鼻场过桥窑烧制的直筒形土陶瓶，一种是从日本进口的"阿沙黑啤酒"棕色玻璃瓶（均为一斤装）。包装好后，邓子均利用水运之便，以船载酒，上溯岷江，销犍为、乐山、夹江、洪雅等地；下流长江，销重庆、涪陵、武汉、南京、上海等地。从此，五粮液开始在省内外崭露头角。随后，"利川永"糟坊与上海"利川东"货栈建立了销售关系，以"阿沙黑啤酒"瓶装了千余斤五粮液，贴上"利川永"五粮液的商标，通过"利川东"货栈送往美国旧金山等地销售，获得了海外人士的高

---

29. 孙望山：《宜宾"五粮液"》，中国人民政治协商会议四川省宜宾市委员会文史
资料研究委员会编《宜宾文史资料选辑》第二辑，1982 年，第 34、35 页。

度赞扬。为此，"利川东"特制了一块"名震全球"的匾送给"利川永"糟坊。

五粮液问世后在海内外获得的成果，不但使"利川永"的名声大振，而且强烈地刺激了宜宾酿酒业的发展，当时宜宾工商界纷纷开窖酿酒。20世纪30年代中期，糟坊发展到了14家，除"利川永""长发升""德盛福"以及"张万和"4家老号外，新开的有"全恒昌""听月楼""天赐福""万利源长""钟山和""刘鼎兴""赵元兴""吉庆""吉鑫公"以及"张广大"10家，共计酒窖144口。较有影响的产品有"五粮液""元曲""提庄""尖庄""醉仙"和"提壶大曲"等[30]。

中华人民共和国成立前夕，由于通货膨胀，民不聊生，酒业凋敝，宜宾酒坊纷纷倒闭，余下的十几家基本处于停产状态，窖池封闭，技工离散，很不景气。中华人民共和国成立后，人民政府扶持"利川永""钟三和""张万和""全恒昌""德盛福""刘鼎兴"和"彭元兴"8家糟坊恢复了生产。1951年，"利川永""长发升"这两家最有名望的糟坊首先联合，成立了"大曲联营社"，生产五粮液、提庄和尖庄大曲。1952年，宜宾专卖公司在"大曲联营社"的基础上，接纳了其他几家糟坊，成立了"川南行署区专卖事业公司宜宾专卖事业处国营二十四酒厂"。1953年，"二十四酒厂"扩建为"中国专卖公司四川省公司宜宾酒厂"。当时，"陈氏秘方"的传承人邓子均已年过七旬。从前"利川永"酿造五粮液时，邓子均深恐同行窃去配方，每次酿造五粮液时，均于夜深人静之时，率其二子邓龙光、邓受之，亲自将五种原料按比例配好，并搅拌混合，以防仿制，第二天再将配好的原料交由工人们酿造，因此秘方配制方法无他人

---

30. 五粮液史话编写组：《五粮液史话》，巴蜀书社，1987年，第34、35页。

知晓。经过三番五次的登门拜访，邓子均献出了秘方，并应聘出任了酒厂的技术指导。自此，五粮液从单一作坊生产转为集体协作的工业生产，产量越来越大。1957年，酒厂正式被命名为"宜宾五粮液酒厂"。1963年，在第二届全国评酒会上，五粮液一举夺魁[31]。

五粮液成功的秘诀，除了宜宾地区优越的地理位置、气候条件、水土特点以及悠久的酿酒传统等因素外，还因五粮液独具特色的精湛工艺。五粮液酒以高粱、大米、糯米、小麦和玉米五种粮食为原料，以纯小麦生产"包包曲"为糖化发酵剂，采取泥窖固态发酵、续糟配料、甑桶蒸馏，再陈酿、精心勾兑调味。整个生产过程有制曲、酿酒和勾兑三大工艺流程。

五粮液之所以酒味全面而协调，与它独特的原料配方有直接的关系。五粮液用五种粮食是源于"陈氏秘方"，后随着时代进步和人们饮酒习惯的变化，配方也随之改变。1960年以前，五粮液对"陈氏秘方"中五种粮食的配比作了适当的调整：高粱24%，大米28%，糯米7%，荞麦31%，玉米10%。1960年以后，用小麦取代了荞麦，并对五种粮食的配比进行了更为精细的调整：高粱36%，大米22%，糯米18%，小麦16%，玉米8%。这一比例，是经历了千百次尝试的结果。五粮液的曲药，是采用优质小麦，精工细作的"包包曲"（一般曲酒都用平板曲），其特点是：后火保温高，培菌多、菌壮，糖化率高（700毫克葡萄糖/克曲·小时以上）；发酵力强又便于保存，具有独特的曲香味。尤其在三伏天制成的"伏曲"，质量更好，再经半年以上贮存的"陈曲"，效果更佳。用"陈曲"酿酒，是五粮液的工艺要求。五粮液发酵时间长，普通浓香型曲酒的发酵时间为30～

---

31. 五粮液史话编写组：《五粮液史话》，第39～41页；孙望山：《宜宾"五粮液"》，中国人民政治协商会议四川省宜宾市委员会文史资料研究委员会编《宜宾文史资料选辑》第2辑，1982年，第35页。

60 天，而五粮液的发酵时间是 70～90 天。尤其是五粮液独创的"双轮底发酵"法，更使发酵时间增长到 160 天。发酵时间长，能加强酯化过程，增进酒的浓香[32]。

酿酒所用粮食品种不同，发酵和生化过程得到的产物也不同，进入酒中的微量成分自然也不一样。由于五种粮食合酿，故五粮液味道浓郁，而五种粮食的性能又各有特点，故浓郁中又甘醇爽利。五粮液属于浓香型曲酒，较之一般曲酒的香味更为浓厚，闻之余香悠长，饮之芳香满口。1963 年全国评酒会上，专家给予五粮液高度评价："香气悠久，味醇厚，入口甘美，入喉净爽，各味协调，恰到好处。""在大曲酒中尤以酒味全面而著称。"2008 年 6 月，五粮液酒传统酿造技艺作为"蒸馏酒传统酿造技艺"子项，入选"第二批国家级非物质文化遗产名录"。

---

32. 五粮液史话编写组：《五粮液史话》，第 48～50 页。

第五节

清代宜宾酒具

上文已经提到五粮液老窖池遗址出土的清代青花瓷残片，宜宾向家坝库区一些遗址也出土了清代酒具，其中部分酒具保存完好。如屏山县石柱地遗址出土的青釉瓷杯，釉面较纯净，敞口，上腹较直，下腹弧，矮圈足，口径 7.2、底径 3.5、高 5.8 厘米（图 6-6）[33]；屏山县平夷长官司衙署遗址出土的青花瓷杯，青白釉，青花呈蓝黑色，口径 7.3、底径 2.5、高 3 厘米（图 6-7）[34]；小街子遗址出土的一件白釉瓷杯，釉面有裂纹，敞口直腹，杯身和口沿有残破，口径 5.6、底径 2.7、高 4 厘米（图 6-8）[35]；大树枝遗址出土的一件青花瓷杯，白釉，釉面纯净，饰花草纹，敞口斜腹，口径 6、底径 3.2、高 3.2 厘米（图 6-9）[36]；龙秧遗址出土一件黄釉瓷爵，表面饰云雷纹，缺两足，当非实用器（图 6-10）[37]。

33. 四川省文物考古研究院、宜宾市博物院编著：《考古宜宾五千年——向家坝库区（四川）出土文物选粹》，第 41 页。

34. 四川省文物考古研究院、宜宾市博物院编著：《考古宜宾五千年——向家坝库区（四川）出土文物选粹》，第 160 页。

35. 四川省文物考古研究院、宜宾市博物院编著：《考古宜宾五千年——向家坝库区（四川）出土文物选粹》，第 182 页。

36. 四川省文物考古研究院、宜宾市博物院编著：《考古宜宾五千年——向家坝库区（四川）出土文物选粹》，第 207 页。

37. 四川省文物考古研究院、宜宾市博物院编著：《考古宜宾五千年——向家坝库区（四川）出土文物选粹》，第 245 页。

宜宾市博物院也藏有多件清代酒具,有瓷、玉、银等材质,瓷器多为粉彩。现选取其中较具代表性的器物列举如下。

清道光景德镇蝠桃花口瓷杯,杯身饰花卉纹,颜色浓艳,口沿饰以金彩,杯内底饰蝠桃纹,象征福寿,杯外底有"道光年

图 6-6 石柱地遗址出土清代青釉瓷杯

(采自《考古宜宾五千年——向家坝库区(四川)出土文物选粹》,第 41 页)

图 6-7 平夷长官司衙署遗址出土清代青花瓷杯

(采自《考古宜宾五千年——向家坝库区(四川)出土文物选粹》,第 160 页)

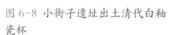

图 6-8 小街子遗址出土清代白釉瓷杯

(采自《考古宜宾五千年——向家坝库区(四川)出土文物选粹》,第 182 页)

图 6-9 大树枝遗址出土清代青花瓷杯

（采自《考古宜宾五千年——向家坝库区（四川）出土文物选粹》，第 207 页）

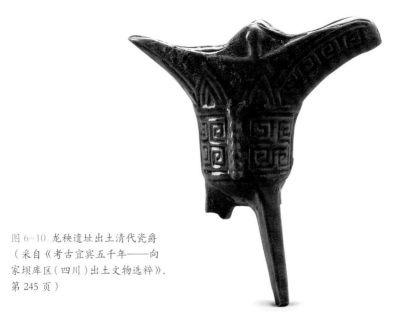

图 6-10 龙秧遗址出土清代瓷爵
（采自《考古宜宾五千年——向家坝库区（四川）出土文物选粹》，第 245 页）

制"题款，口径6.6、底径3.2、高3.8厘米，为三级文物（图6-11）。还有2件道光粉彩蝠桃花口瓷杯，与这件瓷杯的大小和形制相似，杯身花卉纹较为浅淡（图6-12）。另有8件同治款的花边口杯，杯口有四曲、五曲、五边、八边等，口沿饰以金彩，杯身饰人物纹，似为钓叟，有"法元人笔秀之作"，杯身画作是仿元代人笔意，意境幽远。其中4件口径6.7、底径3.5、高2.5厘米，另外4件口径6.5、

图6-11 宜宾市博物院藏清道光景德镇蝠桃粉彩瓷杯

图6-12 宜宾市博物院藏清道光蝠桃花口瓷杯

底径3.5、高3.6厘米（图6-13）。

　　更为珍贵的是，宜宾市博物院还藏有10件清道光粉彩瓷套杯，均平口，圆唇，满釉。杯体绘菊花、梅花、月季、迎春、牵牛花等图案（图6-14）[38]。口径4.8～11、高1.5～5.5厘米。套杯，即成套之

---

38. 宜宾市博物院编著：《酒都藏宝——宜宾馆藏文物集萃》，第152、153页。

杯，是套具的一种，由口径大小不一、器身深浅不同的几个单体套装成一个整体，一般大小 10 件为一组，少则 3 ~ 5 件，把它散开又形成依次递减的一组群体，也可单独成器。这种套杯多见于雍正至

图 6-13 宜宾市博物院藏清同治款粉彩花口瓷杯

图 6-14 宜宾市博物院藏清道光粉彩瓷套杯
（采自《酒都藏宝——宜宾馆藏文物集萃》，第 153 页）

道光年间，制作精美，装饰纹样也十分美观，因此除了可作日常饮器以外，也可以作为家居摆设的陈列品[39]。《红楼梦》第四十一回载："凤姐乃命丰儿：'到前面里间屋，书架子上有十个竹根套杯取来。'丰儿听了，答应才要去，鸳鸯笑道：'我知道你这十个杯子还小，况且你才说是木头的，这会子又拿了竹根子的来，倒不好看。不如把我们哪里的黄杨根整抠的十个大套杯拿来，灌他十下子。'……刘姥姥一看，又惊又喜：惊的是一连十个，挨次大小分下来，那大的足似个小盆子，第十个极小的还有手里的杯子两个大；喜的是雕镂奇绝，一色山水树木人物，并有草字以及图印。"[40]套杯的材质不仅限于瓷器，还有竹、木、铜等，尤以彩瓷套杯深受人们喜爱，如上海博物馆藏道光粉彩人物图套杯、嘉兴博物馆藏清代人物故事彩瓷套杯等。

图6-15 宜宾市博物院藏清梅花纹玉耳杯

---

39. 葛金根、吴海红：《彩绘精良、套叠成趣——嘉兴博物馆藏清代人物故事彩瓷套杯》，《收藏家》2016年第7期。

40. （清）曹雪芹著，（清）无名氏续，程伟元、高鹗整理，中国艺术研究院红楼梦研究所校注：《红楼梦》，人民文学出版社，2008年，第546、547页。

图 6-16　宜宾市博物院藏清镶瓷银质酒杯

　　除了瓷杯以外，宜宾市博物院还藏有梅花纹玉耳杯、镶瓷银质酒杯和铜爵等。梅花纹玉耳杯杯身雕刻梅花纹，有双耳，口沿有残，长 7、宽 4.6、高 2.2 厘米。用玉器盛酒早已有之，如"兰陵美酒郁金香，玉碗盛来琥珀光"，用之饮酒，饶有意趣（图 6-15）。镶瓷银质酒杯有 8 件，杯身内为银质，外镶嵌瓷块，部分瓷块脱落，杯口形制不一，有六边形、"亚"字形、桃形、圆形等，长约 4.1、宽约3.9、高约 2.7 厘米（图 6-16）。铜爵双柱，口部有磕伤，爵身饰云雷纹等，三足完整，爵长 12.5、宽 7、高 14 厘米，应是祭祀用器而非实用器。

　　清代宜宾酿酒业的发达和饮酒习俗的盛行，促进了宜宾酒具的发展。清代宜宾酒具的材质多样，除了瓷器外，还有玉器和银器等；纹饰多样，除青花瓷外，还有彩瓷，甚至出现了粉彩套杯。

第七章　民国时期宜宾酿酒业

第一节

民国时期宜宾酿酒业的发展

    民国时期，宜宾酿酒业在前代的基础上继续发展，酒的品质不断提升。此时，宜宾的糟坊日益增多，酿酒业达到了相当的规模。

    尤其是抗战期间，酿酒业快速发展，其税收成为国统区货物税的最大来源之一，整个四川酒业均为抗战做出了积极贡献[1]。民国《南溪县志》记载了当时酒税的征收情况："民国初改征收课办理，醋房双牌月纳钱三千六百三十六文；民国四年，京师创立烟酒公署，四川设烟酒公卖局，省划各分区设立分局，南溪隶于宜宾分局，设烟酒分栈，由绅商承认经理，缴纳金银一千六百元。酒税易钱为银分旺淡季，旺月每桶征银一元四角，淡月每桶征银七角……七年设监察员住栈管理牌照。十三年八月裁分栈经理，改设烟酒事务监察所，所长由省局委任，十六年改为包办，全年解烟酒税银一万圆。"[2]《富顺县志》载："至壬戌癸亥（1922、1923 年），全县醋房四百九十一家，旺月约一千二百余桶，淡月六个月八百余桶，每桶高粱五斗出酒七十斤，全年出酒约三百余万斤。每桶每月征税三元五角，每斤五仙，全年征税四万二三千元。曲酒一家，杂粮酒七家，均在总数内，曲酒每斤征税三仙七星五，杂粮酒每桶每月税一元五

---

1. 肖俊生：《民国时期四川酒业的发展》，《中华文化论坛》2009 年第 4 期。
2. 李凌霄等修，钟朝煦纂：《（民国）南溪县志》卷三《田赋》，《中国地方志集成·四川府县志辑》第 31 册，第 522 页。

角，每斤约税二仙一星五。"[3]

孙望山（宜宾著名酒商，新中国成立前任宜宾酒商业同业会主任）对宜宾的酒税也有记述，民国初大曲酒窖每个征 2 元，土酒桶每个征 1 元（系做一次缴一次）。1919 年改为计斤征税，大曲酒每斤征税二仙七星五厘，小曲酒每斤征一仙二星五厘；按酒窖、酒桶来征收，具体算法是大曲酒窖分大（600 斤）、中（400 斤）、小（300斤）三种，酒桶则分大（200 斤）、小（150 斤）两种，照产酒数字发给凭单印照，规定酒只要出厂，不管内销还是外运，均要花票同行，印花贴在坛口边上，凭单由运酒人随身携带，如违反规定，除没收货物外，另处以 5～10 倍的罚金。1922 年后，又调整了税率，大曲酒每斤征七仙二星五厘，小曲酒每斤征二仙七星五厘（按章依旧）。1935 年改为按实计征，丈量酒窖的长、宽、高，算出酒窖的容积，规定每立方出酒 4 斤，按每年产酒 8 次（夏季停产 40 天）计算，12个月平均摊征。酒桶计征标准：桶口直径 5 尺，深 3 尺，算出容积，每立方产酒 4 斤，按每月产酒 4 次计征。1942 年后，由于货币贬值，物价变化非常大，又改为从价征税，按出厂成本价的 50% 征收[4]。

曾任叙州府隆昌县知县的清末民初时人周询对叙州府相当熟悉，他在《蜀海丛谈》描绘了当时川南糟坊酿酒的兴盛："川省田膏土沃，民物殷富，出酒素多，糟坊到处皆是。私家烤酒者尤众"，"酒则各邑各乡，几乎家家皆能烤酿，直是一种最普遍之农民副业"。这正是民国时期宜宾酿酒业的真实情况。

3. 彭文治、李永成修，卢庆家、高光照纂：《（民国）富顺县志》卷五《食货》，《中国地方志集成·四川府县志辑》第 30 册，第 305 页。
4. 孙望山：《宜宾酒税沿革》，宜宾市翠屏区政协未刊稿，1965 年 9 月。转引自凌受勋《民国时期宜宾酿酒业与名酒五粮液的诞生》，《宜宾酒文化史》，第 142 页。

第二节

民国时期宜宾酒坊

　　宜宾城内的糟坊，临江而建，以取水方便为准则。因城中井水含盐、硝较重，杂质多，是不能用于酿酒的。金沙江和岷江水都是雪水，其江水澄碧，清纯无杂质，水质十分优良；但在选择用岷江水还是用金沙江水时，又大多决定用岷江水，因岷江与金沙江相比，汛期水变浑的时间较短，更胜金沙江一筹；故宜宾的酿酒作坊都是临岷江、金沙江而建，而大多汲水岷江[5]。

　　民国时期宜宾城的糟坊共14家，都是生产大曲酒，沿岷江所建的糟坊有10家：鼓楼街"长发升"，有古窖16口；顺河街"利川永"，有古窖13口；顺河街"全恒昌"，有古窖7口；顺河街"听月楼"，有古窖6口；顺河街"刘鼎新"，有古窖14口；顺河街"天赐福"，有窖6口，抗战期间所建；东濠街"张万和"，有古窖10口；东濠街"钟山和"，有窖11口，抗战期间所建；马家巷"万利源长"，有窖10口，抗战期间所建；外北正街"吉庆"，有窖4口，抗战期间所建。沿金沙江所建糟坊4家：下走马街"德盛福"，有古窖8口；下走马街"赵元兴"，有古窖7口；南街"张广大"，有窖6口，抗战期间所建；文星街"吉鑫公"，有窖3口，抗战期间所建[6]。

　　民国时期岷江畔喜捷到高场共有15家糟坊：在离喜捷不到2千

<hr />

5. 凌受勋：《宜宾酒文化史》，第139页。
6. 钟新恒：《名酒之乡宜宾曲酒的历史发展》，《戎城史志》1985年第2期。

米的公馆坝有徐氏糟坊头和胡氏糟坊。距公馆坝徐氏糟坊头不到 1 千米的小桶坝有川军旅长谢国嗣家族的"永和"糟坊。在公馆坝岷江河对岸有"小龙灏"和黄伞"欧烤酒"两家糟坊。喜捷是糟坊相当集中的地方,清末民初喜捷街上有 5 家糟坊。"义盛昌"是由公馆坝徐氏家族后代经营的。"徐洪泰"糟坊也是公馆坝徐氏家族糟坊的分支。黄万兴"汉记"糟坊,兼卖"寡二两",黄万兴是新中国成立前的乡长黄世模的本家,他的糟坊的背后是喜捷上码头,就在饶德兴饭店的旁边。喜捷场川主庙隔壁的兰尔成糟坊及任顺糟坊也很有名。公馆坝一带酿酒除用地穴式窖池发酵外,酿制小曲酒时,还使用大木桶来代替地穴窖作发酵之所。公馆坝附近岷江两岸这 10 家糟坊均靠近岷江,兼有运输和汲水之便。民国时期高场有"谢家海""连平章""罗烤酒""刘烤酒"和"唐烤酒"5 家糟坊。这些糟坊凭借地处岷江航道和岷江水步道上的有利位置,借助传统酿酒技术的优势,在民国时期盛极一时[7]。

1926～1936 年,宜宾县安边场上共有糟坊 15 家,每家每天煮粮食(主要为苞谷)500 斤,产酒一百七八十斤,当场销完(场期 3 天)。除供应本地外,还外销横江、楼东等地。粮食主要来自本地乡村,屏山、横江的粮食每次以万斤计运销安边,以供酿酒需要。酒糟坊附带喂猪,肥猪除供应本地外,还销到宜宾,卖后再买回所需货物[8]。而在另一川滇边界重要集镇横江场上,有"鼎康""德华丰""兴隆号""纯记""润记"和"炳记"等 7 家糟坊。场上酒家更多,烤酒不停仍无法满足需求,还需从安边调酒和柏溪调酒来供应[9]。

7.凌受勋:《民国时期宜宾的糟坊》,《宜宾日报》2014 年 4 月 4 日 B2 版。
8.鲁杨平:《1926～1936 年间安边的商业情况》,《宜宾县文史资料选辑》第一辑,宜宾县政协文史资料组,1983 年。
9.刘翰笙:《我对解放前横江商业的见闻》,《宜宾县文史资料选辑》第一辑。

南溪与宜宾相邻，水陆交通发达，是主要的酿酒原料产地，酿酒工艺代代传承，一直是宜宾酒的重要供应地之一。清代南溪的酿酒业即十分发达。20世纪40年代，南溪有糟坊113家，设245个桶，年产高粱酒2100吨，几家运销大户酒的日出境量为2吨以上。县城内也以有9家糟坊、3家栈房的广福街为集散点，农村以李庄、留宾、仙临、大观和牟坪等乡镇酿酒最为著名。规模较大的酿酒户有肖质彬、王友荣、王海臣、郎子贤等，均是三代以上以酿酒为业[10]。

宜宾市其他县的酿酒业也十分兴盛，有大量的酿酒作坊，例如高县、庆符县（今庆符镇）在1949年有59户糟坊[11]，珙县在民国时期最多有60家糟坊[12]，江安城区在新中国成立前有规模的糟坊就有5家[13]。此处不一一叙述。2012年3月，根据四川省文物考古研究院承担的国家文物局"指南针计划"专项项目计划的工作要求，四川省文物考古研究院联合宜宾市博物院，对宜宾地区2区8县50多个乡镇的古代酿酒作坊、遗址进行了初步调查，此次调查的大部分酿酒作坊和遗址均为民国时期。随着历史的发展，很多糟坊已湮没无闻，调查时也已很难一一查找到，现选择几处分布较为密集的地区做简要介绍（表7-1）。

表7-1 宜宾民国始建的酿酒作坊、遗址调查统计表

地点		作坊名称	始建年代	概况
翠屏区	李庄镇沿江路	周氏老糟坊	民国	仍在生产
	金坪镇	金坪酒厂	民国	仍在生产
	南广镇老镇	老街糟坊遗址	民国	为现代民居
	高店镇骑龙村	灯盘湾老糟坊遗址	民国	废弃生产
	牟坪镇育人街	牟坪老酒厂遗址	民国	地面建筑残损较大，留有窖池
	李端镇驷马桥	驷马桥糟坊遗址	民国	改为现代建筑

---

10. 南溪县酒管局：《酒类志》，内部资料，1987年。
11. 高县志编纂委员会：《高县志》，方志出版社，1998年，第261页。
12. 珙县志编纂委员会：《珙县志》，四川人民出版社，1995年，第259页。
13. 江安志编纂委员会：《江安县志》，方志出版社，2009年，第309页。

续表 7-1

	地点	作坊名称	始建年代	概况
南溪区	留宾乡新民街	留宾酒厂	民国	设施仍在，停产
	罗龙镇新街村	罗龙老酒厂	民国	仍在生产
	罗龙镇粮站内	谢氏糟坊遗址	民国	现代建筑
	石窝村1组	钟氏糟坊遗址	民国	留有地面建筑，酒窖等被掩埋
叙州区	高场镇半边街	谢氏糟坊遗址	民国中期	留有地面建筑，酒窖等不存
	喜捷镇中坝村	中坝酒厂遗址	民国末期	原建筑不存
	喜捷镇大湾头	大湾头糟坊遗址	民国	原建筑不存
高县	沙河镇双桥街	望马酒厂	民国	仍在生产
	沙河镇双桥街	望马山酒厂	民国	仍在生产
	嘉乐镇民建街	魏氏糟坊遗址	民国	地表为现代民居
	罗场镇团结村	糟坊头遗址	民国	地表为菜地
	羊田乡羊田街	刘氏糟坊遗址	民国	地表为现代建筑
	月江镇前进街	月江老糟坊遗址	民国初期	地表为现代建筑，留有部分窖池、蒸馏池
	大窝镇油坊街	油坊街糟坊遗址	民国	地表为民居
	庆岭乡桥坎村	孙氏糟坊遗址	民国	地面建筑、晾堂仍在
长宁县	三元乡大村	张氏糟坊遗址	民国	耕地
江安县	四面山镇交通街	宜泉酒业二车间	民国	仍在生产
	底蓬镇新民街	老店子酒厂	民国	仍在生产
	红桥乡曲家堰	红桥酒厂	民国	仍在生产
	留耕镇	留耕老酒厂	民国	仍在生产
兴文县	莲花镇水栏街村	水栏白酒厂	民国	仍在生产，部分设施更新
	仙峰乡群裕村	学堂屋基遗址	民国晚期	房屋残存遗迹
	大坝苗族乡建国村	兴文苗儿嘴酒厂	民国	废弃生产
珙县	王家镇文化街	王家老酒厂	民国	仍在生产
屏山县	龙华镇老街	龙家糟坊遗址	民国	留有地面建筑，酒窖可能被掩埋
	龙华镇老街	冉家糟坊遗址	民国	留有地面建筑，酒窖可能被掩埋
	龙华镇	唐氏糟坊遗址	民国	耕地
	新市镇大桥村	林氏糟坊遗址	民国初期	耕地
	中都镇新都村	楞严寺糟坊遗址	民国末期	耕地
	楼东乡中学旁	王氏作坊遗址	民国末期	已废弃

注：基于 2012 年 3 月的"指南针计划"调查结果，信息有更新。

高县沙河镇 沙河镇是高县地区早期贸易较繁盛的集镇，位于镇上双桥街的望马酒厂，和望马山酒厂相毗邻，在民国时期原为一家糟坊，新中国成立后收归国有，改革开放后又被私人收购，现仍为传统的前店后坊形式。据作坊酿酒师傅介绍，望马酒厂的几口圆筒形窖池为民国时期的老窖池，而望马山酒厂的老窖池已不存，现在用的窖池是后期用水泥新建的。另外，当地不少群众都提及新中国成立前街上糟坊很多，但现都成为一般民居房，而知详情者大都已过世。由此可见，沙河镇酿酒活动在民国时期是相当发达的。

珙县王家镇 位于珙县南端，东南与云南少数民族地区接壤，为五尺道途径之地。川滇两地在此镇有较早的互市传统，商贸活动发达，为酿酒业的发展提供了充分条件。我们调查到的王家老酒厂建于民国时期，新中国成立后收归国有，破产后为私人购买，现主要生产苞谷酒。现作坊建筑为新中国成立后重建，酒窖为长方形砖砌窖池，蒸灶年代较早。摊场为木板搭建，木板上部放粮食，底部中空，一侧放电扇起到加快通风的作用，同于宜宾县、南溪县一些作坊的做法。另外，此地还有民国时期的王家老酒厂和新中国成立初期的王家酒厂两家较早的酿酒作坊[14]。一些当地干部和群众都提及早年此地酿酒作坊较多，且在酿造方法上受云南地区影响，体现出一定的地域特色。

屏山县龙华镇 共调查到 3 处民国时期家庭作坊遗址，现均已停产，且窖池等设备皆不存。其中，龙氏和冉氏两家古屋仍在。据后人介绍，当年糟坊为前店后坊的形式，随着家庭人口增多等原因，后边的作坊也改为居住房，所以窖池等已不存。而另一家唐氏糟坊现已成为一片玉米地，不排除地下仍有部分酿酒遗迹的可能性[15]。

---

14. 因一些小作坊都是在当地自产自销，没有自己的品牌或作坊名，所以此次调查中很多作坊名是以地名或参考当地百姓的俗称命名，因此会出现近于重合的作坊名。
15. 四川省文物考古研究院、宜宾市博物院:《宜宾地区古代酿酒作坊、遗址调查简报》，《四川文物》2013 年第 4 期。

第三节

民国时期宜宾酒具

　　民国时期，宜宾酒业继续发展，城内就有14家糟坊，其中最著名的当属"长发升"和"利川永"。与此同时，酒具的材质和样式也更加多样，玻璃酒器开始大量出现。宜宾市博物院就馆藏有玻璃瓶、陶瓶和陶罐等多种储酒器。其中一件"长发升"玻璃酒瓶，长斜肩，圆柱形身，瓶身有长发升商标。商标图案为醉仙侧卧床上，几案上有酒瓶和酒杯；上部有行书"叙府尹长发升大曲作房"，"醉仙标记"分列四角。该玻璃酒瓶口径1.8、高17厘米（图7-1）[16]。除了玻璃瓶外，长发升也用陶罐盛酒，宜宾市博物院还藏有一件长发升"提庄大曲"红陶罐，小口，卷沿，束颈，斜肩，上腹鼓，素面，肩腹交界处粘贴红底白字"提庄大曲"商标，口径2.6、高12.3厘米（图7-2）[17]。

　　"利川永"玻璃酒瓶，瓶肩部铸有"frade mark"字样。瓶身贴五粮液商标，中部为红底白字"四川省叙州府北门外顺河街陡坎子利川永大曲作房附设五粮液制造部"，白文篆书"利川永号"方印，商标上有高粱、大米、糯米、玉米等五种粮食组成的图案，右下部为英文。口径2.5、腹径7.3、底径7.3、高17厘米（图7-3）[18]。这个酒瓶应该是1932年邓子均正式申请注册五粮液商标之后的。"利川永"

16. 宜宾市博物院编著：《酒都藏宝——宜宾馆藏文物集萃》，第158、159页。
17. 宜宾市博物院编著：《酒都藏宝——宜宾馆藏文物集萃》，第156页。
18. 宜宾市博物院编著：《酒都藏宝——宜宾馆藏文物集萃》，第158页。

图7-1 "长发升"玻璃酒瓶
（采自《酒都藏宝——宜宾馆藏
文物集萃》，第159页）

图7-2 长发升"提装大曲"
（采自《酒都藏宝——宜宾馆藏
文物集萃》，第156页）

还有一种陶制酒瓶，小口，溜肩，筒形身，平底。瓶身半边贴有商
标，上绘五种粮食图案，上书红底白字"四川省叙州府北门外顺河
街陡坎子利川永大曲作房附设五粮液制造部"，下落白文篆书"利川
永号"方章和红底白字英文。与玻璃酒瓶的商标几乎一样，口部残，
高16.5厘米（图7-4）[19]。

---

19. 宜宾市博物院编著：《酒都藏宝——宜宾馆藏文物集萃》，第156、157页。

图 7-3 利川永大曲作房附设五粮
液制造玻璃酒瓶
（采自《酒都藏宝——宜宾馆藏
文物集萃》，第 158 页）

图 7-4 利川永大曲作房附设五粮
液制造陶酒瓶
（采自《酒都藏宝——宜宾馆藏
文物集萃》，第 158 页）

　　民国时期宜宾糟坊大多是前店后厂形式，即酒作坊和酒店在同
一地点经营。如"长发升"临街的 9 间铺面，其中店堂占 5 间，有
上店堂 2 间、大店堂 3 间；喜捷老街上的"义盛昌"5 间店面，"徐
洪泰"3 间店面。百年老屋现虽残破不堪，当初格局仍依稀可见。除
此之外，也有送到杂货铺去销售的。而糟坊为了卖酒也会自己开设
杂货店。酿酒世家孙望山的糟坊名"全恒昌"，开在顺河街，他开的
杂货店名"大吉祥"，在外南街。2013 年 2 月，在宜宾市武庙举行

的酒具展上有一个1斤装的青瓷酒瓶上烧制了阳刻"宜宾光大海味出品，总号东街七十号，支店南街七十号"字样，这是杂货店销酒的确证[20]。

民国时期酒杯形制和材质更加多样。如宜宾市博物院藏一件树桩形瓷杯，杯身做成树桩形，上刻"晏嘉先生"四字，有三足，杯内壁有裂纹，长8.7、宽8.5、高6.2厘米（图7-5）；还有4件竹套瓷杯，用竹编套在白釉瓷杯外，敞口，斜腹，圈足，4个杯子大小略有不同，口径7.6、底径3.5、高5.5厘米左右（图7-6）；还有8件几何纹三开光景泰蓝杯，8个杯子的大小和形制相似，直口，腹微斜，圈足，杯身饰几何纹，有3个开光，圈足饰四瓣花卉纹，口径6.7、底径3.7、高5.5厘米（图7-7）。

更值一提的是，宜宾市博物馆还藏有一件白釉寿星公道杯。公道杯又称"戒盈杯"，是饮酒用的器具。公道杯利用虹吸原理，在杯中央立一老人或龙头，体内有一空心瓷管，管下通杯底的小孔，身体下与杯底连接处留有一孔，向杯内注酒时，若酒位低于瓷管上口，

图7-5 宜宾市博物院藏树桩形"晏嘉先生"瓷杯

---

20. 凌受勋：《民国时期宜宾的糟坊》，《宜宾日报》2014年4月4日B2版。

图 7-6 宜宾市博物院藏竹套瓷杯

图 7-7 宜宾市博物院藏几何纹三开
光景泰蓝杯

图 7-8 宜宾市博物院藏白釉寿
星公道杯

酒不会漏出,当酒位超过瓷管上口,酒即通过杯底的漏水孔漏光[21]。知足者酒存,贪心者酒尽,十分公道,所以称为公道杯。这件公道杯为白釉,釉面纯净,侈口直腹,瓷管的上口在寿星的口部,下口在杯底,口径 7.5、底径 3.5、高 7 厘米(图 7-8)。

民国时期宜宾的盛酒器已经和现代近似,尤其是玻璃酒瓶,饮酒器在材质和造型也有了新的发展。这一时期是宜宾酿酒业的大发展阶段,酿酒工艺也日益提升。

---

21. 柴怡:《高陵元墓新出土龙泉窑青釉公道杯》,《收藏》2017 年第 10 期。

后记

　　宜宾地处四川、云南、贵州三省结合部，金沙江、岷江、长江交汇处。大江大河孕育了宜宾，水陆要津成就了宜宾。这里文化底蕴深厚，有2200多年建城史、3000多年种茶史和4000多年酿酒史，是国家历史文化名城，有"万里长江第一城""中国酒都"和"中华竹都"的美誉。

　　对文化遗产进行系统收集、整理和研究，是文化建设中的大事。数年前，宜宾市博物院就对此进行了有益尝试，并取得一定成果，先后由文物出版社出版了《酒都藏宝 —— 宜宾馆藏文物集萃》(2012年)、《酒都文物 —— 宜宾市第三次全国文物普查成果集成》(2013年)、《酒都瑰宝 —— 宜宾市不可移动文物精粹》(2015年)；创办了《西南半壁》学术文集(2018年)，每年一集，内容涵盖博物、文物、历史和非遗文化等诸多领域。

　　这次，宜宾市博物院拟编写"宜宾文化遗产研究系列丛书"，对本院和本市的文化遗产进行系统梳理和研究。本系列丛书首选《宜宾酒史》，选题源于酒文化是宜宾最具特色的文化。宜宾酒史，或可上溯至4000多年前的新石器时代。秦汉时期，宜宾生产力显著提高，社会经济迅速发展，酒成为当时社会生活中的重要内容。唐宋时期，宜宾酒已达相当的规模，全国知名，文人墨客大为称颂。明清以后，宜宾酿酒糟坊兴盛，至今仍在使用的有"长发升""利川永""德盛福""张万和"和"龙门口"等老窖糟坊。宜宾的"杂粮酒"远近闻名，晚清举人杨惠泉为其取了一个雅俗共赏的名字 ——"五粮液"。今天的宜宾城，酒文化印迹无处不在，有十里酒城五粮液集团公司、酒之源广场、酒都饭店、酒都剧场和酒都大道等地标建筑，有中山街"醉"、黄庭坚、邓子均、杨惠泉等雕塑，有"中国·宜宾国际白酒文化节"、酒交会等盛事。

宜宾酒文化研究一直是大家关注的热点，并在文献和产业等方面取得了不少成果。因此，在本书编写过程中，着力处和切入点在哪里，还真是一个难题。后经反复思考，我们决定结合文物工作实际，从考古资料和文物入手，让《宜宾酒史》立足宜宾，同时梳理出四川乃至全国范围内同时期类似的相关资料，希望能为大家更全面了解宜宾酒文化有些许帮助。本书撰写历时约三年，几易其稿，期间得到了四川省文物考古研究院博士、副研究馆员赵宠亮、王彦玉的指导。在2019年6月召开的初稿意见征求会上，巴蜀文化专家袁廷栋，原四川大学教授江玉祥，原四川省文物考古研究院院长、研究馆员高大伦，市决策咨询委主任、地方文化专家葛燎原，宜宾学院原党委书记、教授屈川，中国作协会员、地方文化专家刘大桥，市决策咨询委副秘书长、地方文化专家黄一红，市人大副秘书长、地方文化专家张兴明等，均提出了很好的意见和建议。这里，对以上同志的工作，一并致谢。

由于时间和水平限制，或有错讹之处，望大家指正。